地面辐射系统原理及应用

李清清　编著

中国建筑工业出版社

图书在版编目（CIP）数据

地面辐射系统原理及应用/李清清编著. —北京：中国建筑工业出版社，2019.12
ISBN 978-7-112-24118-7

Ⅰ.①地… Ⅱ.①李… Ⅲ.①地面-辐射采暖-研究
Ⅳ.①TU832.1

中国版本图书馆CIP数据核字（2019）第184245号

本书系统介绍了辐射供暖供冷技术的基本特点、应用背景及现状，重点围绕当前采用较为广泛的填充式地面辐射技术，介绍了其基本原理、研究及应用现状以及传热分析及工程设计方法，具体内容包括：地面辐射系统的研究现状，地面辐射房间的舒适性，辐射供暖供冷房间冷热负荷的计算方法，辐射地板的传热分析，辐射地板的传热计算方法，辐射地板的热工设计方法以及典型辐射地板的热工性能评价指标，最后介绍了地面辐射系统的工程案例。本书既介绍了国内外相关文献的研究成果，也介绍了现行的规范及标准中对地板热工性能的要求，可供相关领域的研究人员、工程技术人员以及大专院校的研究生、本科生阅读参考。

责任编辑：张文胜
责任设计：李志立
责任校对：焦　乐

地面辐射系统原理及应用
李清清　编著
*
中国建筑工业出版社出版、发行（北京海淀三里河路9号）
各地新华书店、建筑书店经销
霸州市顺浩图文科技发展有限公司制版
北京京华铭诚工贸有限公司印刷
*
开本：787×960毫米　1/16　印张：7¼　字数：145千字
2019年10月第一版　2019年10月第一次印刷
定价：**26.00**元
ISBN 978-7-112-24118-7
（34617）

前　　言

当今世界，节能和环保已经成为两大主题。全世界建筑能耗占能源消耗的近30%，建筑节能已成为节能的主要途径之一。辐射供暖供冷技术主要依靠辐射传热方式维持建筑内部环境的舒适性，是当前很具节能潜力的环境控制手段。地面辐射供暖系统因其节能舒适的特点在我国尤其是北方地区得到了越来越广泛的应用，而近年来引起越来越多讨论的夏热冬冷地区的供暖需求，也为地面辐射系统的应用提供了更多可能。

随着地面辐射系统工程应用的逐渐展开，人们越来越关心以下问题：在夏季需要供冷、冬季需要供暖的地区如何匹配一套地板末端以供冬夏季工况的联合应用；如何解决往往存在的地板供暖房间过热或局部地板热舒适问题；如何预测供冷地板可能的凝露区域；因建筑保温技术进步而形成的低能耗建筑内如何进行地面辐射系统设计，采用满布的大间距的均匀布管方式，还是采用局部布管方式；在分户热计量大背景下如何解决满足房间热舒适性要求的地面辐射系统的控制等问题。这些工程问题都和地面辐射系统的核心传热构件——地板的传热性能密切相关。

近年来，笔者获得了国家自然科学基金委员会青年基金项目的支持，运用理论分析、数值计算和实测等方法和手段，针对填充式地面辐射供暖供冷技术进行了长期、系统的研究，从而积累了一定的研究经验，在这一基础上，通过本书进行阶段性总结。

本书得到国家自然科学基金项目“地板辐射冷暖系统建模方法及传热性能研究”（51608290）和青岛农业大学高层次人才项目“基于分户热计量的辐射地板传热惰性研究”（1114342）的资助。

在编写过程中参考和引用了众多专家学者的研究成果，使得本书内容得以充实，在此对这些作者表示深深的谢意。在本书内容整理过程中感谢北京工业大学陈超老师的细心指导，感谢青岛农业大学建筑工程学院各位领导和同事的关心，感谢青岛农业大学研究生匡德睿同学、本科生司成功等同学的支持。在编辑和出版过程中，中国建筑工业出版社给予了大力支持和帮助，特别是张文胜编辑在整个编写过程和出版过程中给予了热情的帮助。在此一并对所有帮助过我的师长、朋友、同行表示由衷感谢。

目　　录

物理量名称及符号表

A_f	肋片横截面积（m^2）
A_n	级数项系数
B_n	级数项
B_i	毕渥数
C_n	级数项
C_w	水的比热（kJ/kg·℃）
D_n	级数项
D_i	盘管内径（m）
D	盘管外径（m）
$\overline{D}$	无因次盘管外径（m）
E_n	级数项
f_{cl}	服装的面积系数
F	面积（m^2）
$X_{i,j}$	角系数
$G(i)$	级数项
G_w	质量流量（kg/m^3）
h_c	对流换热系数［$W/(m^2 \cdot K)$］
h_r	辐射换热系数［$W/(m^2 \cdot K)$］
h_t	地板面总换热系数［$W/(m^2 \cdot K)$］
h_{in}	流体到管外壁综合换热系数［$W/(m^2 \cdot ℃)$］
h_{bc}	人体表面对流换热系数［$W/(m^2 \cdot ℃)$］
H	地板结构层厚度（m）
$\overline{H}$	无因次厚度
I_{cl}	衣服热阻（clo）
J_i	第 i 面的有效辐射力（W/m^2）
K_f	肋片当量对流换热系数［$W/(m^2 \cdot ℃)$］
L_t	盘管长度（m）
L	盘管间距（m）
M	人体的能量代谢率（W/m^2）

NTU　传热单元数
Nu　对流换热的努谢尔特数；
Pr　普朗特数
P　环境空气的水蒸气分压力（kPa）；
q_c　对流换热量（W/m²）
q_r　辐射换热量（W/m²）；
q　地板面总换热量（W/m²）；
R　换热热阻［(m²·℃)/W］
$\overline{R}$　无因次换热热阻
Re　雷诺数
S_{max}　拟合曲线斜率（℃/m）
S_{min}　拟合曲线斜率（℃/m）
t_a　空气温度（℃）
t_f　肋片周围当量介质温度（℃）
t_g　供水温度（℃）
t_h　回水温度（℃）
t_r　房间参考计算温度（℃）
t_s　地板表面平均温度（℃）
t_{pm}　盘管外壁温度（℃）
t_{wm}　供回水平均温度（℃）
t_{cl}　人体的外表面平均温度（℃）
T_s　地板表面绝对温度（K）
T_i　表面 i 的绝对温度（K）
T_{MRT}　包括地板在内的平均辐射温度（K）
T_{aust}　室内非供冷表面的绝对平均温度（K）
U　肋片周边长度（m）
v　水流速度（m/s）
W　人体所作的机械功（W/ m²）
$X_{i,j}$　第 i 面到第 j 面的角系数
α_{in}　管内流体对流换热系数［W/(m²·℃)］
β　体积膨胀系数（1/T）
ε　传热效能值
ε_i　表面发射率
λ　导热系数［W/(m·℃)］
δ　地板结构层厚度（m）

σ	斯蒂芬-玻尔兹曼常数［$W/(m^2 \cdot K^4)$］
ϕ_r	辐射换热因子
η	表面温度效率
η_f	肋片效率
φ	散热效率
θ	温差系数（T^3）
υ	黏度系数（m^2/s）

第1章　绪　　论

1.1　辐射供暖供冷技术概述

辐射供暖供冷技术主要通过冷热流体或电热效应等方式控制某个或某几个围护结构内表面温度，从而增强该表面和人体以及其他表面的辐射热交换，进而控制室内环境温度，满足人们使用要求。在这种技术中，辐射换热量通常占总热交换量的50%以上[1]。辐射换热具有直线传播、换热速度快、不直接影响空气温度等特点，其换热影响因素包括：辐射表面和其他表面的温度、辐射面的发射率、其他表面的反射、吸收和投射情况、辐射表面和其他表面之间的角系数等。辐射换热一个经常可见的例子就是在寒冷的晴天，处于太阳光线照射中人体会觉得温暖。尽管机理类似，但民用建筑中辐射供暖供冷技术中的辐射换热和太阳辐射还是有所不同。太阳辐射属于全光谱辐射，而辐射供暖供冷则属于红外辐射，红外辐射指的是可见光红光外侧波长较长的能量，其易于被各种物体吸收。

常见辐射供暖供冷系统形式，按使用功能、辐射表面温度、辐射末端构造以及辐射末端位置等，可划分为不同类型。详见表1-1系统的分类[2]。

辐射系统的分类　　　　**表1-1**

分类根据	名称	特　征
使用功能	辐射供冷	利用12～20℃冷流体循环冷却辐射表面向室内供冷
	辐射供暖	利用30℃以上热流体循环或加热电缆、电热膜加热辐射表面向室内供暖
	辐射冷暖联供	既可供暖又可供冷
辐射表面温度	常温辐射	辐射表面温度不高于29℃
	低温辐射	辐射表面温度低于80℃
	中温辐射	辐射表面温度为80～200℃
	高温辐射	辐射表面温度高于500℃
辐射末端构造	填充式	冷热盘管敷设于地面、墙面或平顶填充层内
	预制沟槽式	盘管或电缆敷设在保温板的预制沟槽中，不需要填充混凝土即可直接铺设面层

续表

分类根据	名称	特　征
辐射末端构造	毛细管网式	以水为媒介的细小管道网状末端，敷设于地面、墙面或平顶表面
	风管式	利用建筑构件如空心楼板的空腔内部循环空气
	装配式	在按一定模数组成的金属板上通过焊接、镶嵌、粘接、紧固等方式与金属管相固定而预制成辐射板
	整体式	整块辐射板系通过模压等工艺形成的一个带有水通路的整体，没有接触热阻
辐射末端位置	平顶式	平顶表面作为辐射表面
	墙面式	墙体表面作为辐射表面
	地面式	地板表面作为辐射表面
介质种类	水	不同温度的水
	气体	不同温度的空气或燃气
	电热式	通过发热电缆或电热膜将电能转换为热能
安装方式	组合式(干式)	盘管预先镶嵌在绝热板上，并以铝箔覆面预制成片状辐射板，现场仅进行组装
	直埋式(湿式)	盘管现场敷设，埋置于填充层或粉刷层内

1.2　辐射供暖供冷系统特点

目前民用建筑中以水为介质的辐射系统，常温填充式地面辐射供暖系统应用最为广泛，地面辐射供冷系统使用增多。地面辐射供暖供冷系统具有以下优点：

(1) 良好的节能性。地面辐射系统的节能性主要体现在以下几个方面：首先，由于辐射强度和空气温度的综合作用可以降低约 15%的供暖负荷。其次，因为辐射面的存在，较大的传热面积下，使得较低供水温度在该系统中的应用成为可能。以供暖系统为例，常规散热器系统中散热器供水温度通常不低于 60℃，但辐射供暖供冷系统中供水温度则是通常不高于 60℃，甚至只需要 30℃供水温度就可以满足要求，为利用太阳能、热泵等产出的低温热水、废热等创造了条件。再次，便于实现热量的“分户计量、分室调温”，可以很好地实现按需用热，实现人为节能。

(2) 辐射供暖供冷系统具有较好的舒适性。在辐射供暖时，围护结构内表面和室内其他物体表面温度要比对流供暖时高，人体的辐射散热相应减少，人的实际感觉比相同室内空气温度下的对流供暖舒适。在辐射供冷时，围护结构内表面和室内其他物体表面温度要比对流供冷时低，人体的辐射散热相应有所增加，人的实际感觉比相同室内空气温度下的对流供冷凉爽，尤其对于一些辐射得热较大的采用玻璃幕墙的建筑更为明显。地面辐射供暖时，室内的水平温差和垂直温度梯度很小，不仅舒适性高，而且围护结构上部的热损耗减少。室内空气流动速度很低，基本没有强烈对流，避免了对流供暖导致的室内尘埃飞扬，卫生条件较好。

（3）节省空间。因为辐射系统的末端设备通常和围护结构集成一体，没有外露的散热设备，不占用建筑面积，且便于布置家具和悬挂窗帘，所以很大程度上满足了空间的灵活分割需求，也避免了散热器周边的墙面污染等问题。

（4）系统寿命长。当前地面辐射盘管敷设技术和管材成熟，安装完成后基本不会出现经常维修的情况，系统安全性较高，使用寿命较长。

（5）存在冷热联供可能。一套地面辐射末端冷暖联供时，既能供暖又能供冷，全年需求时初投资和运行费用都相应减少，增加了设备使用率。

（6）辐射供冷时利用辐射面承担显热负荷，配备置换通风或新风系统，可创造出符合绿色要求的仿自然通风环境。

当然，辐射供暖供冷系统也一定程度上存在着供冷工况下的凝露问题，热惯性较大，安装费用较高，安装时间较长，占用一定房间净空高度等缺点。但总体上来说，地面辐射系统的优点使得其在我国北方地区的应用越来越广泛，如将辐射供冷和某种形式通风相结合解决了新风以及凝露问题，则可预期在夏热冬冷地区冷热联供的应用也将取得新的突破。

1.3 辐射供暖供冷系统应用背景

1.3.1 辐射供暖供冷技术与建筑节能

目前，全世界建筑能耗占能源消耗的近30%[3]，建筑节能已成为节能的主要途径之一。根据对西安、北京等地办公建筑和大型公共建筑能耗状况的调查显示，视建筑的结构和使用情况不同，供暖、空调能耗占建筑总能耗的比例高达25%～40%[4]。由此可见，优化供暖空调系统设计对降低建筑能耗意义重大。辐射供暖供冷系统主要依靠辐射传热方式维持建筑内部环境的舒适性。从辐射供暖系统来讲，比传统的散热器供暖节能20%～30%[5]，同时具有较高的热舒适性，其供水温度较低，可充分利用热泵等低品位热源供给形式[6]；随着建筑物保温程度增高和管材的发展，低温地面辐射供暖系统使用日益普遍，1999年被建设部列为先进技术予以大力推广。2002年，美国能源部把辐射空调技术列为当今和未来15项重点发展的节能技术之一[7]。截至目前，地面辐射供暖在国内外应用已十分普遍。例如，在韩国采用地面辐射供暖的住宅占新建住宅的80%以上，加拿大西部65%的新建住宅选用了这种供暖方式，还有瑞士48%、德国41%、奥地利25%、法国20%等。在我国各个地区地面辐射供暖技术的应用也是日益广泛。同样，辐射供冷方式通常也较常规空调系统节能28%～40%[8]，是一种具有良好节能性的空调方式，其同时降低围护结构的表面温度，有利人体辐射散热，提高了人体舒适性；该供冷方式通常要求供水温度在15～20℃，利于冷水机组高效运行或可充分利用蒸发冷却等天然冷源技术。欧洲许多国家的建筑供暖、供冷系统大多采用了这种以辐射传热为主的空调方式。在我国，辐射供冷技术也日益受到人们的关注，即使在湿度较大的南方地区如南京、上海和深圳等地也已经有了应用的实例[9,10]。

1.3.2 辐射供暖供冷与建筑可持续发展

根据我国有关部门最新统计结果表明，2018年我国城镇人口已经达到81347万人，城镇化率达到58.52[11]。城镇化率的不断提高以及我国经济的快速发展，将使得我国建筑面积也不断增加。而随着居民对生活条件包括室内环境的要求不断提高，我国冬季需要供暖、夏季需要供冷的面积必然随之增加。

在我国北方地区，越来越多的人认可了地面辐射供暖系统的使用，我国北方严寒寒冷地区人们选择住宅时，甚至已经成了一个很关键的因素。根据行业调研，2015年我国地暖管道产品整体销量20.25亿m，重量约21万t，其中北方地区安装量占比约95%[12]。

而近年来引起越来越多讨论的夏热冬冷地区的供暖需求，也为地面辐射系统的应用提供了更多可能。夏热冬冷地区涉及16个省市的部分地区4亿人口[13]，冬季潮湿寒冷，室外温度低于5℃时，人们的不舒适感要比同样室外温度的严寒、寒冷地区强。夏热冬冷地区冬季需要供暖夏季需要供冷，如采用地面辐射供暖系统后在夏天供入一定温度的低温水承担一部分显热负荷，只需要配备较小的空气处理设备就可以满足室内使用要求。

1.3.3 地面辐射系统应用中出现的工程问题

随着地面辐射系统工程应用的逐渐展开，相关工程问题不断凸显：在夏季需要供冷、冬季需要供暖的地区如何匹配一套地板末端以供冬夏季工况的联合应用；如何解决往往存在的地板供暖房间过热或局部地板热舒适问题；如何预测供冷地板可能的凝露区域；因建筑保温技术进步而形成的低能耗建筑内如何进行地面辐射系统设计，是采用满布的大间距的均匀布管方式，还是采用局部布管方式；在分户热计量大背景下如何解决满足房间热舒适性要求的地面辐射系统的控制等。这些工程问题都和地面辐射系统的核心传热构件——地板的传热性能密切相关。

本书将重点介绍填充式地面辐射系统的末端——辐射地板的性能分析以及设计方法，并结合多年运行的工程实例，为该项技术的推广与应用提供理论和数据支持。

本章参考文献

[1] JGJ 142—2012. 地面辐射供暖技术规程 [S]. 北京：中国建筑工业出版社，2012.

[2] 陆耀庆主编. 实用供热空调设计手册 [M]. 第二版. 北京：中国建筑工业出版社，2007.

[3] 江亿. 我国建筑能耗状况与节能重点 [J]. 建设科技，2007，(4)：26-29.

[4] 宋波. 中国建筑能耗现状及节能策略 [J]. 建设科技，2008，(20)：19-20.

[5] 王子介. 地板供暖及其发展动向 [J]. 暖通空调，1999，29 (6)：35-38.

[6] Kilkis B. Enhancement of heat pump performance using radiant floor heating systems [J] . ASME，NEW YORK，NY (USA)，1992，28：119-127.

[7] James Brodrick. Energy consumption characteristics of commercial building HVAC systems. Volume Ⅱ：thermal distribution，auxiliary equipment，and ventilation [C]/Energy Savings potential. New York：Department of Energy，2002：19-155.

[8] 王子介，夏学鹰，戎卫国等. 地面辐射供冷可行性研究分析 [J]. 暖通空调，2002，32 (6)：56-58.

[9] HU R，NIU J L. A review of the application of radiant cooling & heating systems in Mainland China [J]. Energy and Buildings，2012，52：11-19.

[10] LI QQ，CHEN C. Experiment Study of Radiant Ceiling Cooling System Combined with Freshair cooling system. 2011 International Conference on Electric Technology and Civil Engineering，Lushan，China，2011，IEEE Computer Society，Proceedings：3138-3141.

[11] 国家统计局编. 中国统计年鉴-2018 [M]. 北京：中国统计出版社，2018.

[12] 刘浩. 重压下中国辐射供暖行业的现状与未来 [J]. 中国建筑金属结构，2016 (2)：32-33.

[13] 付祥钊. 中国夏热冬冷地区建筑节能技术 [J]. 新型建筑材料，2000 (6)：13-15.

第 2 章　地面辐射系统基本原理及研究现状

2.1　混凝土填充式地面辐射系统

混凝土填充式地面辐射系统中，将冷热盘管敷设在绝热层上，然后利用混凝土或水泥砂浆填充覆盖，之后其上再敷设地面面层，其结构如图 2-1 所示。冷热流体提供的冷热量以导热形式通过盘管壁及地板各结构层，最终以对流和辐射综合换热方式送入房间，维持房间温度稳定在一定范围内。

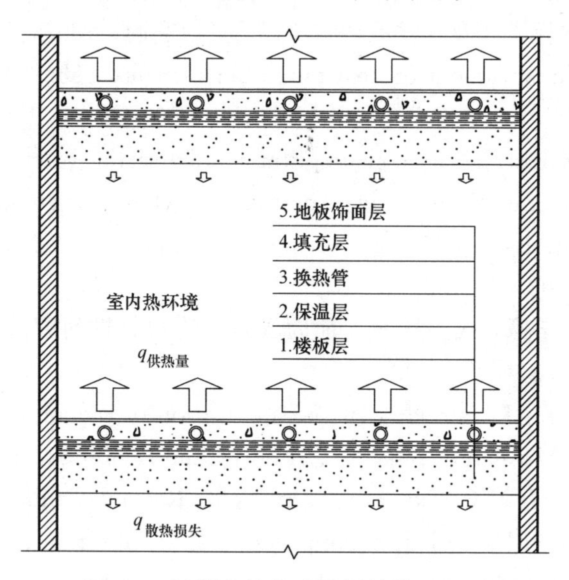

图 2-1　混凝土填充式地板结构示意图

2.1.1　地面辐射供暖系统

地面辐射供暖技术最早在古罗马被应用于居住浴室[1]，到 20 世纪 50 年代，地面辐射低温供暖技术才被逐渐应用于建筑供暖系统中，迄今地面辐射低温供热技术历经四、五十年的历史，发展较为成熟，加之塑料制管技术的发展，辐射供暖技术在欧洲等地广泛采用[2]。

低温地面辐射供暖系统，就是利用建筑物的地面进行供暖的系统。地面辐射系统中，地板内可以敷设循环流体的盘管，也可以敷设发热电缆等。本书介绍的主要是盘管内循环热水的系统。该系统中，地板结构层内敷设盘管，冬季工况下盘管内循环热水，加热整个地板面，使得冬季地板面温度达到25～30℃[3]，被加热或冷却的地板面主要通过热辐射和对流换热的方式与室内环境进行换热。由于在此换热过程中，辐射换热的比例通常达50%以上，所以习惯上称之为地面辐射供暖系统。

2.1.2 地面辐射供冷系统

在供暖技术应用的过程中，辐射供冷的相关概念和应用逐渐出现。所谓地面辐射供冷系统，就是地板结构层内敷设的盘管内循环冷水，冷却整个地板面，使得夏季地板面温度达到17～20℃[4]，被冷却的地板面同样主要通过热辐射和对流换热的方式与室内环境进行换热。由于地面辐射供冷需要冷水温度较高，故一些高温以及天然冷源的应用成为可能。与地面辐射供暖系统相比，地面辐射供冷系统有制冷能力低、夏季工况地板容易结露等问题，但在艺术馆、体育场或者建筑大堂这类高大空间的建筑内以及医院或者学校这类低负荷建筑内，已有较多的使用案例[5]。Olesen[6]对地面辐射供冷技术进行了比较全面的研究，提出在采用地面辐射供冷技术的建筑内，前室、入口大厅以及带有窗户的这类可以直接吸收太阳辐射的区域，地面辐射供冷的供冷能力可达100W/m^2，论证了地面辐射供冷技术的可行性；他还提出考虑到舒适性以及地板结露的影响，人们停留区域的地板表面温度不能低于19℃的观点，讨论了设计参数对于系统供冷能力的影响，并对Bangkok新机场采用的地面辐射供冷系统进行了案例分析；Memon等[7]针对美国办公建筑中的辐射供冷系统，开发了RADCOOL工具，用以分析气候条件对于辐射供冷系统的影响，通过分析认为，在美国大多地区，辐射供冷系统基本可以应用，相比于全空气系统而言，通常可节能30%左右，并可降低27%左右的峰值负荷。我国关于辐射供冷技术的研究起步略晚，但近些年相关方面的研究成果和工程应用实例不断增多，例如最初辐射供冷技术作为对于夏季普通空调供冷的补充在中国国家大剧院二层以上建筑空间中的应用[8]。对于该系统应用的适用情况，王子介和夏学鹰等[9]分析了地板供冷系统的优点，并提出地板供冷存在供冷能力不足、结露危险等缺点，认为可利用地板送风系统与地面辐射供冷系统相结合的复合空调系统形式满足室内环境要求。

2.1.3 地面辐射冷暖联供系统

目前，由于受到世界能源危机的影响，在冷热源一体化的前提条件下，辐射冷热联供技术的发展也逐渐成为人们关注的焦点，针对冬季需要供暖而夏季又需要供冷的地区，利用一套地面辐射末端进行冷暖联供，既可节省设备的初期投资，提高设备利用率，同时利用辐射系统高效的传热特点、高温冷源或低温热源还可以提供较为舒适的室内环境。赵宇[10]介绍了河南某小区应用热泵技术和地面辐射联供系统实现冬季供暖夏季供冷的工程情况，系统运行数据基本达到了设计参数要求；文献［11］介绍北京五棵松体育馆的观众休息厅也采用了地板冷暖联供系统，实现室内环境的改善。对于既需要供暖又需要供冷的地区，采用设计合理的地面辐射系统进行冷热联供，具有较好的经济性和热舒适性。

2.2 地面辐射系统的研究现状

2.2.1 地板传热性能研究

地面辐射系统中，地板的传热性能是影响整个系统性能的主要参数，对地板传热性能进行深入分析进而指导工程实际应用具有重大意义。针对地板传热性能进行的研究在初期阶段以实验测试为主要手段，搭建基本实验台，进行参数实验，进而获得了一些经验公式，而后随着对其传热机理的把握，在理论上取得了进一步的进展。

20 世纪 50 年代，Hulbert[12]等人假设地板上下表面都是等温面，对埋管地板内的热流情况进行了分析了；Schutrum[13]等人在此基础上提出了地板散热量计算的经验公式，指出地板表面温度应小于 29℃，并在 ASHVE 研究实验室对不同室内围护结构表面温度分布和不同地面覆盖情况下的地板传热特性进行了测试。这些假设和经验公式后来成为 ASHRAE handbook 1984 关于地面辐射散热量计算模型的基础。

Sartain 和 Harris[14]计算了地板内的二维传热过程，并对地板下部不同绝热、上部不同覆盖和不同室内外温差情况下水温与地板表面热流进行了测试。

1973 年，受当时数值模拟条件所限制，Oliverri[15]提出了将圆孔近似为等边六角形的二维传热模型，并认为管道内表面对流换热热阻和管道本身热阻相对于地板结构热阻可以忽略不计，管道一侧的边界条件可近似为地板中的等温孔洞，对此模型进行数值计算。

1979 年，Hogan[16]用有限容积法求解地板二维稳态传热模型；并在 1986 年根据数值模拟结果指出：(1) ASHRAE handbook 1984 假设 AUST 等于室内空气温度和不考虑冷风渗透稍显保守；(2) 过高估计了辐射板向下和四周的热损失[17]。Hogan 的模型和计算方法被现行 ASHRAE handbook 所采用。

1989 年冉春雨[18]建立了二维地板传热模型，并采用有限单元法求解，建立了地面辐射房间温度场模型，按房间热平衡法建立实验台进行小样实测，实测结果与计算结果基本一致。

1992 年 Bohle[19]建立了地板二维稳定传热模型，其假设地板内两管之间对称、地板周边绝热、非辐射面平均辐射温度等于室内空气温度，采用有限元法求解；2000 年 Bohle[20]利用 FEM 法计算结果，回归出简化计算模型，该模型将系统传热量与辐射板表面换热系数、埋管结构（管径、管间距）、结构层尺寸和导热系数等影响系统换热量的参数的关系归结到一个公式中，但该式仍显复杂。

Kilkis 等[21]提出稳态传热平面肋片模型，模型中将管道之间地板上表面按传热肋片处理，引入肋片效率；认为室内空气温度不等于 AUST，地板散热按地板与室内空气对流换热和与其他非辐射面辐射换热两部分计算。1995 年其将模型简化，并根据模型编制计算程序，将计算结果绘成图表，方便设计使用。1998 年 Kilkis[22]将平面肋片模型应用于埋地发热电缆地面辐射研究。比较结果表明：简化模型可用于工程实际计算分析。

1995 年 Ho. 等[23]对地板二维传热模型，分别用有限差分法和有限元法进行数值模拟，模拟结果与实测结果符合较好。两模拟方法相比，有限差分法相对较耗机时，且结果偏高。

1998 年 Yang[24]等假设地板周边绝热、室外温度呈正弦变化，建立地板三维不稳定传热模型，并用显式有限差分法求解，研究不同覆盖情况下的传热效果和时间滞后，认为地板中间覆盖 5cm 厚的地毯后，与无覆盖地毯的地板表面温度可相差 2℃，根据不同的覆盖情况，地板表面热流相对表面温度滞后时间为 2～5h。

1999 年胡松涛[25]等建立了关于低温地面辐射供暖系统传热过程的数学模型，采用有限元法计算了地板内温度场，并计算分析了供回水温度与管间距对地板表面最高温度、房间实感温度、热流密度、预热期等参数的影响规律。测试了地面辐射供冷系统的运行工况，实验结果表明：采用地面辐射供冷系统的房间沿水平方向的温度分布比较均匀，沿垂直方向温度梯度比较小，且 2.2m 以下不存在供冷死区。

2000 年 Adjali[26]等利用有限容积法对二、三维地板结构模型分别计算。结果显示对于较大面积的辐射地板，二、三维模型计算准确度无明显差别，得出大型建筑可采用二维模型进行分析计算的结论。但在边角处三维模型能明显提高计算准确度。

根据文献［27］提供的实验方法，Olesen[28]通过实验方法研究了不同结构地板参数下的地板供冷能力，并提出了对应于地板表面温度和不同参照温度下对应的地板供暖和供冷的换热系数。

付祥钊等[29]建立了地面辐射供暖供冷换热器的传热分析模型，分析了换热器内水与管壁、管壁与地板表面、地板表面与房间的换热过程，形成了较为系统的关于地板表面换热能力与地板表面温度的计算方法。

2001 年 Chuangchid[30]等建立二维地板传热模型，对不同底层地板结构、材料和水温等情况下的稳态和准稳态进行计算。结果显示管道下部的保温材料对地板表面散热无明显影响，但对整个地板热损失和地板下的土壤温度有明显影响。同年，王晓彤，郭强[31]建立二维稳态地板传热模型，采用有限元法进行计算，计算结果表明为保证地板表面温度均匀，管间距和管道埋深应呈二次函数关系。冯晓梅和肖勇全等[32]建立二维非稳态地板传热模型，并利用商业软件 Phoenix 求解，获得地板表面温度与管间距、管道埋深以及水温的关系。

2002 年孙德兴等人[33]也利用有限元法，对非线性边界条件下各种地面层材料与尺寸地板构造层中发生的多介质二维导热问题进行了数值求解，并讨论了地面层材质与厚度、管间距、管径、水温及室温等因素对地面散热量影响的定量关系。

2003 年刘艳峰[34]针对 Kilkis 提出的复合肋片模型进行了改进，并通过数值和实验的方法进行了验证。2004 年该学者[35]利用热阻和形状因子理论，对地板结构层进行了当量热阻研究，得出了较为方便的地板表面平均温度计算公式。

2007 年 Holopainen 等[36]针对供暖地板传热的数值模拟问题，利用有限差分热平衡方法，提出地板传热数值分析的非均匀网格划分方法，结论表明，采用非均匀网格划分方法，获得足够精度的前提下可大大减少节点数，降低计算工作量。

2010 年金星和张小松等[37]以地面辐射系统为研究对象，将地板结构层分为两层，在稳态传热情况下利用有限差分方法求得包含盘管的底层结构的当量导热系数，建立了计算地板表面温度的计算方法。此外，他们[38]建立了二维的地面辐射供冷传热数学模型，并利用有限容积法进行方程的离散和计算，通过实验验证模型有效性，重点对盘管管壁热阻和水流速对地板表面温度的影响进行分析，得出了盘管热阻对传热影响较大，而水流速对传热过程影响较小的结论，认为较低流速即可满足要求，并节省水泵能耗。

2012 年刘晓华[39]等基于热阻分析的方法，并结合文献［40］中 Koschenz 的单层均匀结构地板传热解析解，提出了地板表面平均温度的计算方法，并给出了地板表面最低温度分析的计算式，并通过他人的实验数据进行了验证，结果表明其计算值和实验符合程度较好。

王子介等[41,42]在针对辐射供暖供冷技术进行了研究，采用简化动态模型分析了辐射系统的相关特性参数，并对该系统进行了较多的实验分析，为国内地面辐射技术的发展奠定了基础。

地面辐射系统中，由于地板结构层材料的热容较大，使得地板传热过程的惯性较大，在工程应用增多的背景下，该系统的动态传热特性对系统的运行模式和室内热环境稳定有着重要影响。

田喆[43]等针对混凝土空调系统，在图论的基础上提出了反映地板动态传热特性的热阻和热容参数，采用修正的星形RC网络法对该系统的动态热工性能进行了仿真，并通过有限元法进行了验证，结果表明星形RC网络法预测的结果和有限单元法符合良好。

Ihm [44]在综合比较传统空调系统控制方法的基础上，提出了一种优化控制策略，即以一天中随时间变化的室内空气设定温度为控制变量，使建筑能耗达到最小；并通过数值模拟的方法，得出了该方法较传统的控制方法可节能30%的结论。

Choa等人[45]针对间歇地板供暖系统的预测控制进行了研究。利用气象学装置测得的气象预报参数，运用傅立叶级数预测逐时室外空气温度，并采用预测控制，此预测控制策略与常规控制方法相比，一个供暖季可以节约10%～12%的能量。

Laouadi[46]等在Markus单层均匀地板结构稳态传热解析解的基础上，通过分离变量的方法，建立了单层均匀地板瞬态传热的二维半解析模型，该模型可结合建筑一维传热的能耗仿真软件对地面辐射空调系统的能耗进行分析。

韩国首尔国际大学的Jae-Han Lim等[47]通过对地板供冷控制系统的研究，提出控制房间空气温度与进水温度要优于控制系统的流量，并能得到较小的室内空气波动。

刘方和刘艮平等[48]等利用Airpak对地面辐射供冷的热环境进行模拟分析，主要分析了供水参数和室外温度对于地面辐射供冷系统的影响，认为地面辐射系统具有一定自调性，室外空气温度的变化对于系统的影响较小。

Larsen等[49]在单层均匀地板结构稳态传热解析解的基础上，利用传热控制方程的叠加理论和变量分离法，建立了均匀地板结构的二维瞬态传热模型并验证了模型的有效性。

刘艳峰等[50]对针对地板预热期的地板蓄热以及间歇运行时的放热过程建立数学模型，并进行了实验验证，证实该模型和实验数据之间的误差在7%之内。利用该模型分析了管间距、各结构层厚度和供水温度等设计和运行参数对于系统动态特性的影响。结果表明，管间距对预热时间有决定性影响，填充层厚度对放热时间有重要影响；预热2h以后，地板二维传热过程可简化为沿地板厚度方向的一维传热过程。

实际上，辐射地板也可以看作一侧为空气、另一侧为冷热水的间壁式换热器。根据常规换热器的传热理论和效能指标等方法[51]，可以为辐射地板热工设计提供一定的参考。此外，和常规采用的散热器不同，地板盘管敷设于碎石混凝土填充层中，形成重型结构。地板既是传热构件也是建筑围护结构，其传热速率较慢，热惰性较大，热响应时间较长。同时，作为房间内的极大传热面，地板的表面温度不仅决定了提供给房间的冷热量，还决定着房间内的热舒适性，当前只有较少文献涉及了地板表面温度分布问题，对地面温度均匀系数进行了简单分析，但没有直接形成地板结构和温度效率之间的关系。

2.2.2 地面辐射系统的实验研究

针对地面辐射供冷系统的传热性能和房间的热舒适性，学者们采用实验测试的方法进行了有益的探讨。

王文等[52]进行了风机盘管和地板冷暖的对比实验，得到以下结论：对供冷工况而言，由于受到地板结露条件的限制，进水温度不能过低，因此导致地板表面平均温度不能过低，限制了地板供冷能力；且在高湿度地区，若仅靠地板供冷来降低室温不能除去室内的余湿量，应联合其他辅助降温除湿设备；在夏季湿度较低的地区，可降低地板供水温度，地板供冷可取得满意效果。

高殿策[53]对夏热冬冷地区住宅建筑内进行地板供冷工况下的室内热环境实测，得到如下结论：(1) 在夏热冬冷地区，单独的地板供冷存在供冷量不足、无法除湿等缺陷，需增加辅助除湿设备；(2) 地板供冷室内速度场非常均匀，平均风速仅为 0.06m/s，且竖向几乎没有梯度；(3) 地板具有很强的热惰性，在室外气温日较差为 7℃左右、供水温度变化幅度为 3℃时，可以保持地板表面温度以及室内气温的稳定；(4) 室内各壁面的平均辐射温度较低，符合夏季人体舒适性要求。

Vangtook 等[54]针对天气较为湿热的芬兰地区，分别在 3 月、5 月和 12 月进行了辐射供冷＋自然通风实验，为了避免板面凝露的危险，供水温度限定不低于 24℃。结果表明在炎热天气，甚至当只在夜间使用时，辐射供冷系统的供冷能力仍远远无法满足要求。并通过 TRNSYS 进行了室内环境的热舒适性模拟。

张玲等[55]开展了地面辐射供冷系统的热工性能测试，得到供冷时室内地表面平均温度与室温的综合换热系数在 7.1～7.7W/(m^2・℃) 之间的结论；还指出辐射地板具有较好的蓄冷能力，在平均室内冷负荷为 41W/m^2的条件下，停止供冷后 12h 内室温上升仅 2℃左右。

张东亮等[56]针对干式地板供冷结合置换通风系统进行了实验研究，测量了从系统启停时的室内温度、地板表面温度、围护结构表面温度等参数，分析了地板表面温度、0.11 m 处空气状况热舒适性变化。实验结果表明：置换通风系统干燥冷风的引入可有效避免地面结露；系统稳定运行时，室内空气温度在竖直方向分布均匀；辐射换热量占总换热量的 27.8 %。

周慧鑫等[57]对于长沙某地面辐射＋新风混合系统夏季供冷运行特性进行了实验研究，实验结果表明：该系统的启动时间在 80min 左右，地板温度达到较为稳定状态；新风处理到 17℃时，承担室内湿负荷和部分显热负荷，室内空气温度为26～27℃，地板表面没有出现凝露，室内较为舒适。

罗亚军[58]进行了地面辐射供冷的实验研究，在其研究中利用灯泡模拟热源，研究了供水温度对于房间温度等的影响，实验得到以下的结论：冷水温度对于系统的启动时间影响明显，冷水温度越低，系统启动越快；房间内存在温度分层现象，但人的头足温差满足舒适性要求。

以上研究从实验角度，对地板的传热性能和供冷能力等进行了分析，指出地板供冷能力受限，并具有很强的热惰性，且供冷时受地板凝露条件限制，必须控制地板表面温度不低于室内空气露点。

2.2.3 地板表面温度对热舒适性的影响

丹麦学者Fanger[59]提出了影响室内人体热舒适的主要因素以及热舒适计算的基本方程，奠定了辐射技术领域室内热环境计算的基础。

Demetre[60]从分析人体热舒适出发，主要通过实验方法，力图得到采用辐射空调系统条件下，空气的垂直温度分布，辐射不对称性，板面温度等对于人体热舒适性的影响。由于实验条件所限，其主要进行了改变地板供水温度的实验。

法国学者Zmeureanu[61]重点针对夏季供冷工况，利用商业软件TRNSYS对地面辐射供冷系统的热舒适性进行了模拟计算，计算结果表明：在没有其他机械制冷方式的情况下，保持室内的作用温度不超过28℃是可行的。

田喆等[62]以美国北部Calgary大学的ICT大楼为对象，利用Energyplus对其辐射供冷系统进行了能耗模拟；随后通过客观测量和主观问卷对房间的热舒适性进行研究[63]，结果表明，辐射供冷房间具有良好舒适性，还对某采用辐射供冷的办公建筑的会议室进行了热环境和热舒适度的实地测量和主观问卷调查，包括了不同空调系统形式对不同性别的影响。

Corgnati等[64]以一个双人的典型办公房间为对象，利用实验对建立的仿真模型进行了验证。主要利用该仿真模型进行了顶板辐射供冷结合新风系统时，冷顶板对于气流射流的影响。得到：当采用较低的阿基米德数时，气体射流的长度及ADPI增加而气流下沉及其造成的吹风感降低。

Miriel等[65]对法国西部Rennes城的某研究中心的实验室进行了两个冬天和一个夏天的实验，主要针对该建筑采用的辐射顶板供冷供暖系统的工作特性进行研究，并将实验结果作为条件带入其利用TRSYS建立的仿真模型，为系统的全年运行能耗和热舒适性分析提供基本支持。

Koichi Kitagawa等[66]针对某辐射顶板供冷系统，进行了湿度和微弱气流扰动对于人体舒适性影响的主观实验研究。实验结果表明，在辐射供冷条件下，同一实感温度时，湿度越大，感觉较热；而当有微弱气流扰动时，相比静止气流时感觉较凉爽。

Conceicao[67]等主要通过数值模拟的方法对容纳了 24 名学生和 1 名教师的某辐射供冷系统房间进行了热舒适性分析，该研究共分析了 7 种布置形式的辐射系统及 3 种对流系统的组合情况，计算了 21 种工况下平均辐射温度、人员表面温度及热舒适水平等。该研究认为，地面辐射供冷系统具有良好的舒适性；当辐射面位于人员后侧时，水平辐射不对称可能导致人体不适，而顶板或地板造成的垂直辐射不对称对人体影响不大。

Meierhans[68]介绍了位于 Bregenz 的某艺术博物馆地面辐射供暖供冷系统，该系统已运行了 5 个夏季和 4 个冬季，并对其在 2000 年 4 月的运行情况进行了测量，实测结果表明，室内空气温度波动很小，从地面到顶棚的温度分布也很均匀；但是，由于艺术馆所要求的高湿空气状态，夏季室内设定在最高温度 26℃时，人体有明显的不舒适感。

Rodrigo Mora[69]评估了采用地面辐射供冷技术的手术室外科手术期间各个工作人员的热舒适性情况。

张川燕等[70]对采用地面辐射系统房间中的辐射供冷地面对于围护结构内表面温度及室内热舒适的影响进行研究。利用 Fanger 提出的人体热舒适方程和地板热阻分析，得出了在地板供冷情况下由于温度较低的地板存在，使得房间围护结构的内壁面温度和平均辐射温度降低，最终降低实感温度。魏庆芃[71]对辐射空调方式进行研究，并提出了等效微球法计算房间内的平均辐射温度和实感温度。

夏学鹰[72]和韩光泽[73]等对于新风冷却除湿与辐射冷却系统的联合应用进行了技术分析和实验研究。

以上对地面辐射供冷系统的研究表明：地面辐射供冷房间内，由于地板温度较低，最终降低了房间的实感温度，具有良好的舒适度。因此，作为房间较大冷面存在的地板的表面温度分布，不但影响着房间的热环境水平，地板表面最低温度还影响着供冷地板的安全运行和室内卫生条件。

本章参考文献

［1］ Tahsin Basaran. The heating system of the Roman baths［J］. ASHRAE transaction，2007，1：199-205.

［2］ 王子介. 地板供暖及其发展动向［J］. 暖通空调，1999，29（6）：35-38.

［3］ JGJ 142—2012. 辐射供暖供冷技术规程［S］. 北京：中国建筑工业出版社，2012.

［4］ OLESEN B W. Possibilities and limitations of radiant floor cooling［J］. ASHRAE transaction，1997，103（1）：42-48.

[5] Simmonds P, Holst S, Reuss S, et al. Using radiant cooled floors to condition large spaces and maintain comfort conditions [J]. ASHRAE transaction, 2000, 106 (1) 1: 695 -701.

[6] OLESEN B W. Radiant floor cooling systems [J]. ASHRAE Journal, 2008, (9): 16-22.

[7] Memon R A, Chirarattananon S, Vangtook P. Thermal comfort assessment and application of radiant cooling: A case study [J]. Building and environment, 2008, 43 (7): 1185-1196.

[8] 周杨炯. 低温地面辐射系统在国家大剧院的应用 [J]. 建筑施工, 2007, 29 (12): 941-950.

[9] 夏学鹰, 王子介, 夏道明. 地面辐射供冷与地板送风混合式空调系统应用分析 [J]. 南京师范大学学报（工程技术版）, 2007, 7 (1): 41-45.

[10] 赵宇. 地面辐射供冷初探 [J]. 铁道标准设计, 2000, (s2): 44-46.

[11] 范珑, 贺克瑾, 万水娥. 五棵松体育馆观众休息厅地面辐射供暖供冷的研究和应用 [J]. 暖通空调, 2005, 35 (6): 87-90.

[12] Hulbert L. E, Nottage H. B, Franks C V. Heat flow analysis in Panel heating or cooling sections Case Ⅰ-uniformly spaced pipes buried within a solid slab [J]. ASHVE Transactions, 1950, 59: 1388-1394.

[13] Schutrum LF. Heat exchange in a floor Panel heated room [J]. ASHVE Transactions, 1953, 59: 495.

[14] Sartain E F, Harris W S. Performance of Covered Hot Water Floor Panel [J]. ASHAE Transactions, 1956, 62: 52-70.

[15] Olivieri J B. How to Design Heating-Cooling Comfort Systems [M]. 3rd ed. Birmingham, MI: Business News Publishing Company, 1973.

[16] Hogan R E. Heat transfer analysis of radiant heating panel-hot water pipes in concrete slab fioor [D]. MS thesis, Louisiana Tech. University, 1979.

[17] Hogan R E, Blackwell B. Comparison of Numerical Model with ASHRAE Designed Procedure for Warm-Water Concrete Floor Heating Panels [J]. ASHRAE Transactions, 1986, 92 (1B): 589-601.

[18] 冉春雨. 塑料管地板采暖系统的研究 [J]. 哈尔滨建筑工程学院学报, 1989, 22 (1): 88-94.

[19] Bohle J, Kast W, Klan H. Kühlleistung von Kühldecken mit FEM berechnet [J]. HLH. 1992, 43: 658-663.

[20] Bohle J, Klan H. Design of Panel Heating and Cooling Systems [J]. ASHRAE Transactions, 2000, DA-00-8-1: 677-683.

[21] Kilkis BI, Eltez M, Sager SS. A simplified model for the design of radiant in-slab heating panels [J]. ASHRAE Transactions, 1995, 101 (1): 210-216.

[22] Ritter T L, Kilkis B I. An analytical model for the design of in-slab electric heating panels [J]. ASHRAE Transactions. 1998, 104: 1112-1118.

[23] Ho SY, Hayes RE, Wood RK. Simulation of the dynamic behavior of a hydronic floor heating system [J]. Heating Recovery & CHP, 1995, 15 (6): 505-519.

[24] Chen Y, Athienitis AK. A three-dimensional numerical investigation of the effect of cover materials on heat transfer in floor heating system [J]. ASHRAE Transaction, 1998, 104 (2): 1350-1355.

[25] 胡松涛，于慧俐，李绪泉等. 地面辐射供暖系统运行工况动态仿真 [J]. 暖通空调，1999，29 (4)：15-17.

[26] Adjali M H, Davies M, Rees S W, Littler J. Temperatures In and Under a Slab-On-Ground Floor: Two and three Dimensional Numerical Simulations and Comparison with Experimental Data [J]. Building and Environment, 2000, (35), 655-662.

[27] BS EN1264. Floor heating-Systems and components [J]. British Standards Institutiong, 1998.

[28] Olesen BW, Michel E, Bonnefoi F, Carli MD. Heat exchange coefficient between floor surface and space by floor cooling-theory or a question of definition [J]. ASHRAE Transactions, 2000, 106 (1): 684-694.

[29] 付祥钊，康宁，刘宪英. 冷暖地板换热性能分析方法 [J]. 暖通空调，2000，30 (4)：9-11.

[30] Chuangchid P, Krarti M. Foundation heat loss from heated concrete slab-on-grade floors [J]. Building and Environment, 2001, 36 (5): 637-655.

[31] 王晓彤，郭强. 地面辐射供暖系统埋管结构尺寸与地板表面温度均匀性的关系 [J]. 建筑热能通风空调，2001，20 (1)：40-41.

[32] 冯晓梅，肖勇全. 低温地面辐射供暖的动态仿真 [J]. 建筑热能通风空调，2001，20 (6)：15-18.

[33] 孙德兴，陈海波，张吉礼. 低温热水地面辐射采暖地面散热量的分析与计算//全国暖通空调制冷 2002 年学术文集 [C]. 北京：中国建筑工业出版社，2002.

[34] 刘艳峰，刘加平. 低温热水辐射地板传热平面肋片模型的改进 [J]. 哈尔滨工业大学学报，2003，35 (10)：1190-1192.

［35］ 刘艳峰，刘加平．埋管低温热水辐射地板当量热阻［J］．西安建筑科技大学学报，2004，36（1）：21-24.
［36］ Holopainen R，Tuomaala P，Piippo P. Uneven gridding of thermal nodal networks in floor heating simulations［J］. Energy and Buildings，2007，39（10）：1107-1114.
［37］ Jin X，Zhang XS，Luo Y J. A calculation method for the floor surface temperature in radiant floor system［J］. Energy and Buildings，2010（42）：1753-1758.
［38］ Jin X，Zhang XS，Luo Y J，Cao R Q. Numerical simulation of radiant floor cooling system：The effects of thermal resistance of pipe and water velocity on the performance［J］. Building and Environment，2010，（45）：2545-2552.
［39］ Zhang L，Liu XH，Jiang Y. Simplified calculation for cooling/heating capacity，surface temperature distribution of radiant floor［J］. Energy and Buildings，2012，55：397-404.
［40］ Koschenz M，Dorer V. Interaction of an air system with concrete core conditioning［J］. Energy and Building，1999，30（2）：139-145.
［41］ 王子介．低温辐射供暖与辐射供冷［M］．北京：机械工业出版社，2004.
［42］ 王子介，夏学鹰．地面辐射供冷/暖的简化动态模型及其应用［J］．南京师范大学学报，2004，4（1）：1-4.
［43］ Liu KX，Tian Z，Zhang Ch，et al. Establishment and validation of modified star-type RC-network model for concrete core cooling slab［J］. Energy and Buildings，2001，43（9）：2378-2384.
［44］ Ihm P，Krarti M. Optimal control strategies for heated radiant floor systems［J］. ASHRAE transaction，2005，111（1）：535-546.
［45］ Choa SH，Zaheer-uddin M. Predictive control of intermittently operated radiant floor heating systems［J］. Energy Conversion and Management，2003，44（8）：1333-1342.
［46］ Laouadi A. Development of a radiant heating and cooling model for building energy simulation software［J］. Building and Environment，2004，39（4）：421-431.
［47］ Lim JH，Jo JH，Kim YY. Application of the control methods for radiant floor cooling system in residential buildings［J］. Building and Environment，2006，41（1）：60-73.
［48］ 刘方，刘艮平，文灵红．地面辐射供冷的热环境模拟分析［J］．山东建筑

大学学报，2009，26（4）：569-573.
[49] Larsen SF，Filippin C，Lesino G. Transient simulation of a storage floor with a heating/cooling parallel pipe system [J]. Building Simulation，2012，3（2）：105-115.
[50] Wang DJ，Liu YF，Wang YY，Liu JP. Numerical and experimental analysis of floor heat storage and release during an intermittent in-slab floor heating process [J]. Applied Thermal Engineering，2014，62（2）：398-406.
[51] 赵镇南. 传热学 [M]. 北京：高等教育出版社，2002.
[52] 王文，何雪冰，刘宪英. 风机盘管与辐射地板供冷暖对比试验 [J]. 制冷空调与电力机械，2002，23（1）：8-13.
[53] 高殿策. 住宅用冷暖地板空调系统夏季实验研究及模拟软件开发 [D]. 重庆：重庆大学，2003.
[54] Vangtook P，Chirarattananon S. An experimental investigation of application of radiant cooling in hot humid climate [J]. Energy and Buildings，2006 ，38（4）：273-285.
[55] 张玲，黄奕沄，陈光明. 辐射地板供冷实验研究 [J]. 科技通报，2007，23（4）：587-591.
[56] 张东亮，王子介，张旭. 干式地面辐射供冷结合置换通风复合式系统实验研究 [J]. 建筑科学，2009，25（6）：38-42.
[57] 周慧鑫，杨洁，周翔，王军. 地面辐射＋新风混合系统夏季供冷运行特性的实验研究 [J]. 建筑科学，2010（6）：36-39.
[58] 罗亚军，张小松. 地面辐射供冷的初步实验研究 [J]. 制冷空调与电力机械，2010：74-77.
[59] Fanger PO. Calculation of thermal comfort：Introduction of a basic comfort equation [J]. ASHRAE transaction，1967，73（2）：4-1.
[60] Demetre P，Poulis A. Radiant wall and floor heating and cooling [D]. Architectural Association School of Architecture，UK，1988.
[61] Zmeureanu R，Brau J. Hydronic radiant floor for heating and cooling coupled with an underground heat exchanger：modeling approach and result [J]. Building simulation，2007，1（3）：315-320.
[62] Tian Z，Love JA. A field study of occupant thermal comfort and thermal environments with radiant slab cooling [J]. Building and Environment，2008，43（10）：1658-1670.
[63] Tian Z，Love JA. Energy performance optimization of radiant slab cooling

using building simulation and field measurements [J]. Energy and Buildings, 2009, 41 (3): 320-330.

[64] Corgnati SP, Perino M, Fracastoro GV, Nielsen PV. Experimental and numerical analysis of air and radiant cooling systems in offices [J]. Building and Environment, 2009, 44 (4): 801-806.

[65] Miriel J, Serres L, Trombe A. Radiant ceiling panel heating-cooling systems: experimental and simulated study of the performances, thermal comfort and energy consumptions [J]. Applied Thermal Engineering, 2002, 22 (16): 1861-1873.

[66] Kitagawa K, Komoda N, Hayano H, et al. Effect of humidity and small air movement on thermal comfort under a radiant cooling ceiling by subjective experiments [J]. Energy and Buildings, 1999, 30 (2): 185-193.

[67] Conceição E Z E, Lúcio M M J R. Evaluation of thermal comfort conditions in a classroom equipped with radiant cooling systems and subjected to uniform convective environment [J]. Applied Mathematical Modeling, 2011, 35 (3): 1292-1305.

[68] Meierhans R, Olesen B W. Radiant Panel Heating and Cooling: Recent Developments and Applications-Art Museum in Bregenz-Soft HVAC for a Strong Architecture [J]. ASHRAE transaction, 2002, 108 (2): 708-713.

[69] Mora R, English M J M, Athienitis A K. Assessment of thermal comfort during surgical operations [J]. ASHRAE transaction, 2001, 107 (1): 52-62.

[70] 张川燕，王子介. 辐射供冷地面对围护结构内表面温度及室内热舒适的影响 [J]. 建筑科学，2008，24 (10)：79-84.

[71] 魏庆芃. 辐射空调方式研究 [D]. 北京：清华大学，2003.

[72] 夏学鹰，张旭，蔡宁，王子介. 地面辐射供冷/独立新风系统的技术分析与实验研究 [J]. 制冷学报，2008，29 (4)：18-23.

[73] 韩光泽，MORAN M J. 一种新模型的热力学描述：采用新鲜空气预冷和除湿的地面辐射供冷 [J]. 华北电力大学学报，2009，36 (3)：55-59.

第3章　地面辐射房间的舒适性

随着社会发展，人们对于生活和工作环境越来越重视。改善人们工作生活所处室内环境，首当其冲就是保证良好的室内热湿环境及空气品质。在高质量的室内环境下，才能充分发挥人们自身的创造力和潜能，提高工作效率，保证生活品质。本章介绍了人体热感觉、热平衡和热舒适的基本概念，并分析了地面辐射供暖供冷房间的热舒适性。

3.1　人体热感觉及热平衡

人体热感觉，顾名思义就是人体对于所处环境冷热程度的主观评述，属于心理学范畴，是人体众多感觉中的一种，和触觉与痛觉属同类[1]。

3.1.1　人体热感觉的生理学基础

人体冷热感觉和温度感受器相关。人体对冷热的感知是通过位于不同位置的人体温度感受器进行的。温度感受器主要分布于人体皮肤层中感受环境温度。根据温度感受器对动态刺激的反应特性，可以将它们分为热感受器和冷感受器两种。不论初始温度如何，热感受器总是对热刺激产生反应，而在冷刺激下，应激性被短暂抑制。与此相反，冷感受器只对冷刺激产生冲动，在热刺激下被抑制。1930年Bazett等人发现冷感受器位于贴近皮肤表面下0.15～0.17mm的生发层中，而热感受器则位于皮肤表面下0.3～0.6mm处，且冷感受器和热感受器在皮肤中分布密度不同，冷感受器的数目要多于热感受器。这也解释了与热感觉比较而言，为何人体冷感觉更敏感。除人体皮肤层外，人体内某些黏膜、腹腔以及内脏等处也有温度感受器，这些感受器统称为人体的外周温度感受器。

人体的脊髓、延髓和脑干网状结构中也存在着能感受温度变化的神经元，称为人体的中枢性温度敏感神经元，感受人体核心温度并参与对皮肤温度感受器输送温度信息的整合。

当外部环境温度发生变化时，形成了冷热刺激，皮肤层温度感受器接收到这种刺激后，发出脉冲信号，这些信号沿着脊髓传递到大脑。为了生存和保持身体健康，人体可以适当变化和调节体温来适应外界环境。体温调节中枢位于下丘脑，其前部主要负责散热，后部负责抵御寒冷，当感受到外界变化时，下丘脑发出指令通过神经调节和体液调节适应该变化。当外界温度过高时，皮肤血液流量加大，体表温度升高，排热量加大；当不足以散热时，则皮肤出汗增加蒸发散热量。当外界温度过低时，皮下血管收缩，血液流量减小，降低体表温度，减少身体对流和辐射散热量；如果此时体温还不能维持，则会通过打冷颤等方式加大代谢率、增加产热量以抵抗寒冷。人体温度调节是有一定限度的。表3-1为我国正常成年人的体温情况[2]。

我国正常成年人的体温　　表3-1

测定位置	平均量(℃)	变化范围(℃)	标准偏差(℃)
腋温	36.79	36.0～37.4	0.357
口温	37.19	36.7～37.7	0.249
肛温	37.47	36.9～37.9	0.251

3.1.2　人体热感觉的表征

热感觉既然属于直观感受，故其可测性很差。尽管人们经常评价某一环境的冷热状况，但实际上人体无法直接感受环境温度，而只能感觉自身皮肤表面下的神经末梢的温度。研究中，通常将热感觉和环境温度之间的关系进行关联，并要求受试者能用某个等级程度进行描述。1936年，英国的Thoms Bedford在其工厂环境调查中提出了舒适标度，如表3-2所示。ASHRAE也采用了热感觉七点等级标度，现行的ASHRAE 55中采用值见表中括号所示。

贝氏和ASHRAE的七点标度[4]　　表3-2

贝式标度		ASHRAE标度	
过分暖和	7	热	7(3)
太暖和	6	暖	6(2)
令人舒适的暖和	5	稍暖	5(1)
舒适(不凉也不热)	4	正常	4(0)
令人舒适的凉快	3	稍凉	3(−1)
太凉快	2	凉	2(−2)
过分凉快	1	冷	1(−3)

也有很多研究者用过更多或更少的标度，但人们可准确无误分辨清晰处理的感觉量级大约不超过7个，因此，7点标度比较适合一般人的分辨能力。

3.1.3　人体热平衡

人体是复杂高级生物体。人体摄入食物后，通过消化分解，产生维持人体所需的热量。人体释放能量的速度即为代谢率，是按每单位体表面积产生的能量来计算的，常用单位是 W/m^2，另一个常用单位是 met，$1met=58.2W/m^2$。人体代谢热量部分用于保持体温，部分用来做功。人体维持一个动态热平衡，当热量多余时，人感觉到热，需向环境排热。当人体产热量不足以维持 37℃左右的体温时，人感觉到冷，必须尽量减少向环境的散热。人体代谢率在一定温度范围内基本保持恒定，如裸身静卧男子在 22.5～35℃温度范围内，身体产热量基本不变。但当温度超过上述范围时，不论升降，代谢率均加大。人体代谢率还和活动状态密切相关，活动越剧烈，代谢率越高。人体在新陈代谢过程中所产生的热量除做功外，将以对流、辐射、热传导和蒸发等方式向体外散热。

当人体处于健康状态时，根据热平衡原理，可建立相应人体热平衡关系式。

$$M-W-E_{sk}-E_{res}-C_{res}-R-C-S=0 \tag{3-1}$$

式中 M——人体新陈代谢产热量，W/m^2；

W——人体做功量，W/m^2；

E_{sk}——一定皮肤湿润度下的实际蒸发热损失，W/m^2；

E_{res}——呼吸造成的潜热损失，W/m^2；

C_{res}——呼吸造成的显热损失，W/m^2；

C——人体与环境的对流散热量，W/m^2；

R——人体与环境辐射散热量，W/m^2；

S——为人体蓄热量，W/m^2。

人体完成的机械功 W，通常可以人的机械效率的形式给出，如下式：

$$W=\eta_{p\cdot M}M \tag{3-2}$$

式中 $\eta_{p\cdot M}$——人体的机械效率，%。一般不超过 5%～10%，对大多数活动接近于 0。

一定皮肤润湿度的蒸发热损失 E_{sk}：

$$E_{sk}=(0.06+0.94\omega_{rsw})\times16.7h_c(P_{sk}-\varphi_a P_{q\cdot b})F_{pcl} \tag{3-3}$$

式中 ω_{rsw}——皮肤湿润度，%；

P_{sk}——皮肤表面的水蒸气分压力，kPa，$P_{sk}=0.254t_{sk}-3.335$；

t_{sk}——皮肤表面温度，℃。在热舒适条件下 $t_{sk}=35.7-0.0275(M-W)$；

φ_a——室内空气的相对湿度，取 $\varphi_a=50\%$；

$P_{q\cdot b}$——饱和空气的水蒸气分压力，kPa；

F_{pcl}——服装的渗透系数，kPa/℃。

呼吸造成的潜热损失 E_{res}：

$$E_{res}=0.0173M(5.87-\varphi_a P_{q\cdot b}) \tag{3-4}$$

呼吸造成的显热损失 C_{res}

$$C_{res}=0.0014M(34-t_a) \tag{3-5}$$

人体与环境辐射散热量 R：

$$R=3.98\times10^{-8}f_{cl}(T_{cl}^{4}-T_{MRT}^{4}) \quad (3\text{-}6)$$

人体与环境对流散热量 C：

$$C=f_{cl}h_{c}(t_{cl}-t_{a}) \quad (3\text{-}7)$$

式中　t_a——环境空气的温度，℃；

f_{cl}——服装的面积系数，即着装人体的表面积与裸体人体表面积之比，%；

t_{cl}——服装表面的温度，℃；

h_c——对流换热系数，W/(m² · K)；

T_{MRT}——环境的平均辐射温度，K。

当人体处于稳态热环境中，人体达到热平衡后，此时人体蓄热率 $S=0$，人体体温稳定，人体热平衡方程式可以表达为：

$$M-W-E_{sk}-E_{res}-C_{res}-R-C=0 \quad (3\text{-}8)$$

人体的热平衡是达到人体热舒适的必要条件。据研究，当人体达到热平衡状态时，对流换热占总散热量的25%～30%，辐射换热量占45%～50%，呼吸和有感觉的蒸发散热量占25%～30%，能满足这种适宜传热比例的环境则是达到人体热舒适的充分条件。

3.2　热舒适性影响因素

由前述内容可知，人体的热舒适状态是由许多因素决定的，其中与热的感觉有关的因素有：室内空气温度、相对湿度，人体附近的气流速度，围护结构内表面及其他物体表面温度，人体的温度、散热及体温调节，衣服的保温性能及透气性。

丹麦科技大学的Fanger教授通过大量热舒适实验研究了稳态条件下皮肤温度以及单位蒸发散热与能量代谢率之间的关系，基于人体热平衡方程，量化了人体热舒适指标，提出了描述和评价热环境的 *PMV-PPD*（Predicted Mean Vote-Predicted Percentage of Dissatisfied）评价方法[5,6]。

PMV 指标　　　　**表 3-3**

热感觉	热	暖	稍暖	适中	稍凉	凉	冷
PMV 值	+3	+2	+1	0	−1	−2	−3

由于冷热式主观感觉，*PMV* 值只能代表同一条件下绝大部分人的感觉，因此用 *PPD* 指标来表示不满意百分率，并用概率统计方法给出两者间的关系。当 $PMV=0$ 时，$PPD=5\%$，也就是说即使在最适中的状态下，仍有5%的人不满意。

PMV 指标的具体表达式如下式所示：

$$PMV=[0.303\exp(-0.036M)+0.0275]\times\{M-W-3.05[5.733-0.007(M-W)-\varphi_a P_{q\cdot b}]$$
$$M\quad -0.42(M-W-58.15)-1.73\times10^{-2}M(5.867-\varphi_a P_{q\cdot b})-0.0014M(34-t_a)$$
$$M\quad -3.96\times10^{-8}f_{cl}[T_{cl}^4-T_{MRT}^4]-f_{cl}h_c(t_{cl}-t_a)\} \tag{3-9}$$

式中 t_{cl}——着衣人体的外表面平均温度（℃），按式（3-10）确定。

$$t_{cl}=\frac{35.7-0.025(M-W)+0.155I_{cl}f_{cl}[4.13(1+dt)+h_{bc}t_a]}{1+0.155I_{cl}f_{cl}[4.13(1+0.01dt)+h_{bc}]} \tag{3-10}$$

I_{cl}——衣服热阻，clo；

h_c——人体表面对流换热系数，W/(m^2·℃)，按 $h_c=2.4(t_{cl}-t_a)^{0.25}$ 确定；

dt——温差，℃，按 $dt=t_{MRT}-22$ 确定。

其他各符号意义见本节。

可见，人体热反应（冷热指标）的评价指标 *PMV* 综合考虑了人体活动情况、着衣情况、空气温度、湿度、流速、平均辐射温度等多个因素，据此可分析地面辐射供暖供冷房间的热舒适情况。

3.3 地面辐射供暖供冷的热舒适性

从热舒适方程可见，多个因素影响着人体热舒适性，其中人体活动情况、着衣情况等主要取决于场所或个体习惯，而空气温度、湿度、流速、平均辐射温度等因素属于环境因素，这些因素都对热舒适有着重要影响。在此，本书仅考虑环境因素，分析地面辐射房间因为有辐射面的存在对环境以及热舒适的影响。

3.3.1 地面对热舒适的影响

1. 地面温度对热舒适的影响

根据 ASHRAE 标准[7]，从人体的生理方面考虑，较为舒适的地板辐射表面温度为 19～29℃，此时不满意百分率 $PPD=10\%$。

对于地面辐射供暖房间来说，其舒适性从理论到经验上都得到了证实。在人员经常停留和短时停留区域，只要地板表面温度不超标，人体舒适性可以得到充分保证。

在人们的传统认知中，“寒从脚下起”，造成很多人对地板辐射供冷系统舒适性和健康性先入为主的误解。但实际上，对于室内赤足习惯的人来讲，当采用不同传热系数的地面材料时，热感觉是不同的，比如相同温度的瓷砖和木地板的地面，脚感温度是不同的，传热系数比较大的瓷砖给人的感觉是更凉快一点。但这种影响和感觉对于穿着拖鞋或鞋子的人而言是很小的，因此地板供冷时，地板表面温度控制得当，不存在不利于人体健康或舒适性的情况。

对于采用了地面辐射供暖供冷的房间来说，由于地板表面温度的高低直接影响了房间平均辐射温度 t_{MRT} 以及房间空气温度 t_a 的大小，因此也直接影响了房间人体的热舒适性。

平均辐射温度和空气温度同样影响着房间的作用温度。由于辐射面的存在，供暖时有效提高了房间的平均辐射温度，供冷时有效降低了房间的平均辐射温度，进而对房间的作用温度产生积极影响。同时，在所有壁面中，人体与地板之间辐射角系数最为有利，当地板表面作为辐射面时，辐射热量或冷量可以较好地作用于人体，补充或带走人体热量，达到人体热平衡。

2. 辐射不对称对热舒适的影响

在地面辐射供暖供冷房间，人们可能更关心由于冷热面存在造成的辐射不均匀问题。因为即使房间围护结构表面平均温度都处于允许范围内，各个表面之间温差过大也会造成舒适性降低，这是因为人体所处环境的各表面温度差别会造成辐射不对称性温度场。如，冬季靠近窗户等冷表面就坐时，即使窗户密闭性很好，人体还是可以感到寒冷。这就是因为窗户内表面温度低于其他表面，人体定向的辐射失热远大于朝向其他表面的身体其余部分的辐射失热造成的。辐射不对称的衡量可采用半空间辐射温度方法：将房间分为两个“半空间”，分别计算其平均表面温度，这两个温度之间的差值越大，说明辐射不对称越强烈。

$$\Delta t_{pr}=|t_1-t_2| \tag{3-11}$$

式中 Δt_{pr}——辐射不对称度，℃；

t_1，t_2——两个“半空间”表面温度，℃。

美国堪萨斯州立大学的 Mcnall P. E. 教授在一个墙面可变温度的实验室进行了实验研究，研究发现，当墙面之间温差达到 11.1℃以上后，会对人体热舒适产生较大影响[8]。

丹麦科技大学的 Fanger 教授通过实验测试及主观调查对墙面供冷、墙面供暖以及顶板供冷的辐射不对称对热舒适性的影响进行研究[9]，并结合其团队针对顶板供暖的热舒适研究[10]，给出了四种系统形式下辐射不对称相应的不满意率曲线。在 ISO 7730 中[11]，采用了该研究成果，给出了顶板供暖/供冷、墙面供暖/供冷等四种情况的下由于辐射不对称造成的不满意率，总体来说在5%的不满意率下，辐射不对称度大体为：顶板供暖为不大于4℃，墙面供冷时不大于10℃，墙面供暖时不大于23℃，顶板供冷时为不大于14℃。

周翔等[12]在一个尺寸为4.2m×3.6m×3.5m的实验房间内测试了地板辐射供冷条件下人员停留2h和8h情况下由于辐射不对称造成的对环境的不满意率并给出了辐射不对称性的曲线。研究结果为：在不满意率5%时，2h暴露水平下地板供冷辐射不对称度为不大于6.4℃，8h暴露水平下地板供冷辐射不对称度为不大于4.1℃，并提出地板供冷条件下人员8h停留适宜地板表面温度大于20.5℃。

3.3.2 房间空气温度对舒适性影响

1. 地面辐射供暖房间空气温度分布

竖向空气温度差别通常是由不同温度的空气因其密度不同以及竖向空气流动造成的。竖向空气流动速度越大，对应温度变化越大，热舒适性越差。Olesen的实验测试表明[13]，如以不满意率 $PPD=10\%$ 作为舒适界限，则允许竖向温差为3.7℃。地面辐射供暖房间，由于热面在下，室内空气自然上浮情况下，工作区范围内竖向温差极小。Dale对于地板供暖竖向温度的分布进行了细致的测定研究[14]，研究表明地板辐射供暖时从地面附近到顶棚，最大温差小于0.5℃，竖向温度分布非常均匀。刘艳峰[15]通过数值模拟的方法计算了一个3.6m×4.2m×2.7m房间分别采用散热器和地面辐射系统时房间的温度分布以及能耗状况。计算结果中，在房间人员活动区域竖向温差不超过1.5℃，头足温度则非常接近。

房间内水平温度分布也对热舒适有着重要影响，辐射地板内盘管的布置方式以及管间距、填充层厚度会对地板表面温度产生影响，进而可能对房间水平温度分布产生影响。事实上，由于地板表面温度各处差别不大，房间水平方向温度差别较小，这一点很早已经得出结论，如宗立华在2000年就在实验台上测得不同测点处平均水平温差为0.4℃。采用地面辐射供暖技术后，由于有效防止了外围护结构内表面的冷辐射，有效均匀了房间内各个水平区域的实感温度。

2. 地面辐射供冷房间空气温度分布

受冷却地板辐射面的影响，密度较大的冷气流下沉，易形成较大的室内竖向温差。根据ASHRAE标准，通常情况下，人体脚踝部位对温度的变化较为敏感，若室内地面以上0.1m与1.1m之间的温差超过3℃，也会引起人体的不舒适感。Michel等的实验结果证明[17]，在房间其他表面温度为26℃的情况下，地板辐射供冷时竖向温差不超过0.5℃。在北京某地面辐射供冷房间[18]，单独地面辐射供冷，地面平均温度为20.5℃时，0.1m与1.1m之间的温差达到3.7℃，超出热舒适范围，匹配风机盘管以最小风量送风后，0.1m与1.1m之间的温差降至1.7℃，满足舒适性要求。

与地面辐射供暖房间相似，地面辐射供冷情况下房间水平温度分布差别较小，在工程实例中已经得到验证，详见本书第6章。

本章参考文献

[1] 曹日昌. 普通心理学 [M]. 北京：人民教育出版社，2004.

[2] 朱颖心. 建筑环境学 [M]. 北京：中国建筑工业出版社，2001.

[3] 李百战，郑洁，姚润明，景胜蓝. 室内热环境与人体热舒适 [M]. 重庆：重庆大学出版社，2012.
[4] [英] 麦金太尔著. 室内气候 [M]. 龙惟定等译. 上海：上海科技出版社，1988.
[5] Fanger PO. Calculation of thermal comfort：Introduction of a basic comfort equation [J]. ASHRAE Transaction，1967，73：Ⅲ4. 1-Ⅲ4. 20.
[6] Fanger P O. Thermal comfort [M]. New York：Mcgraw-Hill，1972.
[7] ASHRAE Standard 55-2013. Thermal environmental conditions for human occupancy [S]. Atlanta：ASHRAE，2013.
[8] McNall P. E.，Biddison R. E.. Thermal and comfort sensations of sedentary persons exposed to asymmetric radiant fields [J]. ASHRAE Transaction，1970，76：123-136.
[9] Fanger P O，Ipsen B M，Langkilde G，et al. Comfort limits for asymmetric thermal radiation [J]. Energy & Buildings，1985，8 (3)：225-236.
[10] Fanger P O，Banhidi L，Olesen B W，Langkilde G. Comfort limits for heating ceilings [J]. ASHRAE Trans，1980，86 (2)：141-156.
[11] BS EN ISO 7730：2005. Ergonomics of the thermal environment. Analytical determination and interpretation of thermal comfort using calculation of the PMV and PPD indices and local thermal comfort criteria [J]. International Standardization Organization，Geneva，2005，147.
[12] Xiang zhou，Yunliang Liu，Maohui Luo，et al. Thermal comfort under radiant asymmetries of floor cooling system in 2h and 8h exposure durations [J]. Energy & Buildings，2019，188-189：98-110.
[13] Olesen B W，Fanger P O. Discomfort caused by vertical air temperature difference//Indoor Climate [C]. Copenhagen：Danish Building Research Institute，1979.
[14] J. D. Dale，M. Y. Ackerman. The thermal performance of a radiant panel floor-heating system. ASHRAE Transaction [J]. ASHRAE Technique paper 3624，1991：23-34.
[15] 刘艳峰，刘加平. 采用散热器和低温地板辐射供暖的室内热环境与能耗研究 [J]. 能源技术，2004，25 (1)：27-30.
[16] 宗立华. 塑料埋管地板辐射供暖的热性能分析 [J]. 暖通空调，2000 (1)：6-8.
[17] Michal E，J P Isoardi. Cooling floor [M]. Proceedings of climate 2000，1993.
[18] 伍品. 低温地板辐射冷热联供系统传热特性的研究 [D]. 北京：北京工业大学，2009.

第4章 辐射地板的传热计算方法

房间的冷热负荷是进行供暖供冷系统设计的重要依据，在地板辐射房间中，地板表面和室内其他围护结构或物体表面以及人体之间存在较多辐射换热，因此采用辐射供暖供冷系统的房间冷热负荷计算和采用常规对流空调系统有所差别。同时，地板表面温度不但决定了地板和室内环境的换热量，还对室内热舒适有着重要影响。为此，需要对辐射地板的传热机理进行详细分析，并分析各个参数对其热工性能的影响，为辐射地板的热工设计打下基础。

4.1 辐射地板房间冷热负荷

所谓房间热负荷，就是在维持室内温度稳定需要提供给房间的热量。房间冷负荷就是维持房间温度稳定需要提供给房间的冷量。房间冷热负荷受室外气象参数、室内设计参数以及建筑本身特性影响。

4.1.1 室外气象参数

建筑位于不同地区，相应的室外气象参数不同，室外气象参数直接影响了暖通空调系统的设计和选择。不考虑室外气象参数，暖通空调设计就无从谈起。

当前应用的各地室外气象参数，是按一定统计方法给出了。按我国暖通空调规范规定，表4-1列出了室外空气计算参数的含义和具体统计方法。

室外气象参数的确定[1]　　表4-1

序号	气象参数	确定原则	统计方法
1	供暖室外计算温度	采用累年平均不保证5日/年的日平均温度	按照累年室外实际出现的较低的日平均温度低于日供暖室外计算温度的时间，平均每年不超过5日的原则确定
2	冬季空调室外计算温度	采用累年平均不保证1日/年的日平均温度	按照累年室外实际出现的较低的日平均温度低于日供暖室外计算温度的时间，平均每年不超过1日的原则确定
3	夏季空调室外计算干球温度	采用累年平均不保证50h/年的干球温度	按历年室外实际出现的较高的干球温度高于夏季空调室外计算干球温度的时间，平均每年不超过50h的原则确定

续表

序号	气象参数	确定原则	统计方法
4	夏季空调室外湿球温度	采用累年平均不保证50h/年的湿球温度	统计方法与夏季空调室外计算干球温度类似
5	夏季空调室外计算日平均温度	采用累年平均不保证5日/年的日平均温度	按照累年室外实际出现的较高的日平均温度高于夏季空调室外计算日平均温度的时间，平均每年不超过5日的原则确定
6	供暖期日数	采用历年日平均温度稳定等于或低于供暖室外临界温度的日数的平均值	供暖室外临界温度宜采用5℃，目前平均温度稳定等于或低于供暖室外临界温度的日数用5日滑动平均法统计

我国现行的各台站室外气象参数可详见文献［1］和文献［2］，此处不再赘述。

4.1.2 室内设计参数

对于舒适性房间来讲，室内设计参数通常使用空气干球温度。在我国暖通空调规范中规定供暖设计温度：严寒和寒冷地区主要房间温度应采用18～24℃，夏热冬冷地区主要房间温度应采用16～22℃。舒适性空调室内设计参数选择时，人员长期停留区域的参数如表4-2所示[1]。

人员长期逗留区域空调室内设计参数 **表4-2**

类别	热舒适等级	温度(℃)	相对湿度(%)	风速
供热工况	Ⅰ级	22～24	≥30	≤0.2
	Ⅱ级	18～22	—	≤0.2
供冷工况	Ⅰ级	24～26	40-60	≤0.25
	Ⅱ级	26～28	≤70	≤0.3

注：热舒适等级Ⅰ级−0.5≤*PMV*≤0.5；Ⅱ级：−1≤*PMV*<−0.5，0.5<*PMV*≤1。

人员短期逗留区域供冷工况温度宜比长期逗留区域高1～2℃，供热工况下宜低1～2℃。

常规对流供暖供冷系统中，热量传递以对流传热为主，室内温度使用空气干球温度即可。但辐射供暖供冷系统中，辐射换热占有较大份额，仅仅采用室内空气温度无法准确评价室内舒适性。因此必须补充平均辐射温度与作用温度来衡量整个室内的温度状况。

平均辐射温度的定义为：假设在一个绝热黑体表面构成的封闭空间里，人体与周围的辐射换热量和在一个实际房间里的辐射换热量相同，则这一黑体封闭空间的表面平均温度称为实际房间的平均辐射温度。工程应用中，通常近似认为平均辐射温度等于围护结构内表面面积加权平均温度，如下式所示。

$$t_{\mathrm{MRT}}=\frac{\sum F_i t_i}{\sum F_i} \tag{4-1}$$

式中　t_{MRT}——平均辐射温度，℃；

F_i——第 i 个表面，m^2；

t_i——第 i 个表面的温度，℃。

可见，与常规对流系统相比，在辐射供暖供冷房间内，由于冷热地板表面的存在，平均辐射温度将发生变化。综合考虑平均辐射温度与室内空气温度的综合作用才可能较准确地评价室内温度状况。为此，作用温度的概念为：假设在一个各表面温度相同的绝热黑体表面构成的封闭空间里，人体与周围的辐射与对流换热量之和与在一个实际房间里的换热量一样，则这一黑体封闭空间的表面温度称为实际房间的作用温度，其可用下式计算：

$$t_{\mathrm{o}}=\frac{h_{\mathrm{r}}t_{\mathrm{MRT}}+h_{\mathrm{c}}t_{\mathrm{c}}}{h_{\mathrm{r}}+h_{\mathrm{r}}} \tag{4-2}$$

这意味着室内空气温度和平均辐射温度对于室内温度影响基本同等重要。

4.1.3　辐射地板房间冷热负荷的确定

负荷计算时通常认为室内外扰量主要以对流和辐射两种形式对室内环境产生影响。常规对流空调系统中通常将经过处理的空气送入房间，以对流换热形式吸收房间负荷维持室内参数达到设计要求。和常规对流空调系统不同，辐射空调系统中的地板作为末端设备，除以对流换热形式吸收房间负荷外，较大程度上会以辐射换热形式作用于房间各围护结构表面和人体表面，因此在房间结构参数等相同情况下，采用不同系统后，维持室内环境稳定的冷热负荷存在差异。

刘学来教授等人[3]以热平衡法为基础，建立了传统对流空调房间和辐射供冷房间的数学模型，得出在夏季工况下，辐射空调房间设计温度比传统空调高1.6℃左右时依然可以保证房间具有相同的舒适性。

凌疆[4]以三种典型尺寸房间不同位置辐射板为研究对象，采用了热阻平衡原理和自然对流的计算方法，以体感温度为目标，分别建立辐射供暖供冷热平衡方程计算辐射板辐射换热指标。采用自然对流换热计算方法，计算辐射板的对流换热指标，得到辐射板总换热指标，并分析了其与体感温度的对应关系。

翁文兵[5]以热平衡法为基础，以操作温度作为室内设计参数，考虑辐射房间内各种得热类型和传热方式，建立房间数学模型，通过实验测试验证了计算方法。

闫艳[6]采用 Energyplus 模拟仿真手段，构建了采用内嵌管式围护结构辐射供冷系统的典型办公建筑模型，通过计算模拟，研究了夏季典型设计日辐射系统间歇运行与连续运行供冷时的负荷形成过程、负荷特性，以及间歇运行与连续运行工况负荷的差异；对连续运行工况及间歇运行工况表面冷负荷与水侧冷负荷的关系进行研究，分析了其差值变化规律及两种工况的差异，并研究了系统运行策略对两者关系的影响。最后与冷负荷系数法进行对比，提出了负荷修正系数。

吴梓煊[7]采用基于热平衡的辐射时间序列法，把房间得热分为对流和辐射部分，对流部分直接转变为瞬时负荷，辐射部分用辐射时间因子转化为辐射冷负荷。其研究表明，相同房间分别采用常规对流空调和辐射空调两种方式后，不同类型得热形成瞬时负荷比例有很大不同，比如墙体导热和玻璃窗太阳辐射得热，在对流空调系统中瞬时冷负荷占总得热量的64.1%和48.3%，而在辐射空调系统中则占到80.2%和67.2%。

当前工程设计中，辐射供暖供冷房间热负荷与冷负荷按现行国家标准有关规定进行计算[8]，例如：

（1）室内设计温度：全面辐射供暖室内设计温度可降低2℃，全面辐射供冷室内设计温度可提高0.5～1.5℃。

（2）敷设加热供冷部件的建筑地面，不应计算其传热损失。

（3）当采用地面辐射供暖的房间高度大于4m时，应在基本耗热量和朝向、风力、外门附加耗热量之和的基础上，计算高度附加率。

（4）每高出1m应附加1%，但最大附加率不应大于8%。

（5）采用分户热计量或分户独立热源的辐射供暖系统，应考虑间歇运行和户间传热等因素。

4.2　辐射地板传热分析

地板表面在地面辐射供暖供冷房间具有双重功能，它既是一个系统末端的主要换热面，又是房间的一个主要围护结构面。它既对系统性能有重要影响，又对室内热舒适状况有重要影响，因此必须详细分析其传热机理，明确各个传热环节物理模型和基本数学模型，为地板传热性能分析奠定理论基础。

4.2.1　地板传热机理分析

为满足房间负荷和地面温度的均匀性要求，地板内的埋管有多种形式，常见的埋管形式如图4-1所示。图4-1中的旋转型又称为回字形盘管，施工容易，安装方便，供回水管交错排列利于地板表面温度的均匀，而且供水管围绕于整个盘管区域的外围，当供暖房间外墙较多时宜采用这种方式；直列形盘管方式从一端供水，从另一端回水，显而易见这种盘管形式地板中一端温度较高，另一端温度较低，该方式适用于有单面外墙的房间；往复形盘管大体上是供回水管交错排列，地板表面温度均匀性较好，但弯管较多且曲率半径较小，施工难度较大。

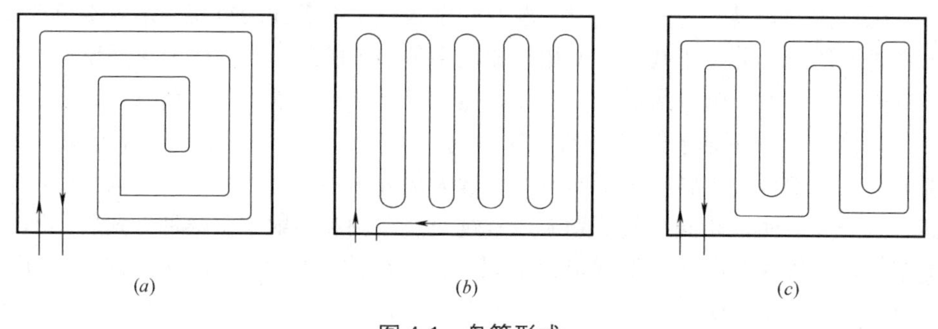

图 4-1　盘管形式

(a) 回字形；(b) 直列形；(c) 往复形

由于空调房间位置不同，通常可分为中间层和底层房间，因此相应的地板结构层构造也有所不同，如底层或潮湿房间，需要设置防水防潮层等。以中间层房间的地板结构为主要研究对象，其常见结构形式如图 4-2 所示，从上而下分别为饰面层、找平层、填充层和绝热层。绝热层主要是为了防止冷量或热量流失到地板背向的下层房间，常用材料为挤塑板或聚苯板；填充层的主要作用是保护盘管和均衡地板表面温度，常用材料为碎石或卵石混凝土；找平层主要是为了结构地板找平，便于敷设地板饰面层，通常材料为水泥砂浆；饰面层根据室内使用要求不同，选用的材料区别较大，如大理石、瓷砖、橡胶地板或复合木地板等。

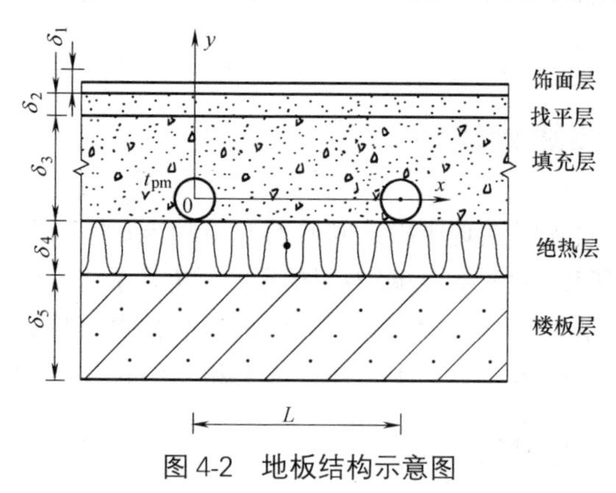

图 4-2　地板结构示意图

地面辐射系统中，整个地板可以看作一个传热构件，其传热效果直接影响着室内热环境的舒适程度。地板换热分为三个环节：(1) 流体与地板盘管内壁之间的对流换热；(2) 通过盘管壁及地板各构造层的导热；(3) 地板表面和整个空间的对流和辐射换热。可以看出，整个换热过程中，导热、对流和辐射三种方式并存，所以地板换热是比较复杂的一种换热过程。

4.2.2　盘管内流体的对流换热

1. 物理模型

盘管内的流体与盘管内壁之间的传热属于管内强迫对流换热，是整个地面辐射换热中的第一环节。一定温度（t_g）的流体以一定的速度（v）掠过管内，通过对流换热将热量传递给管内壁，其物理模型如图 4-3 所示。

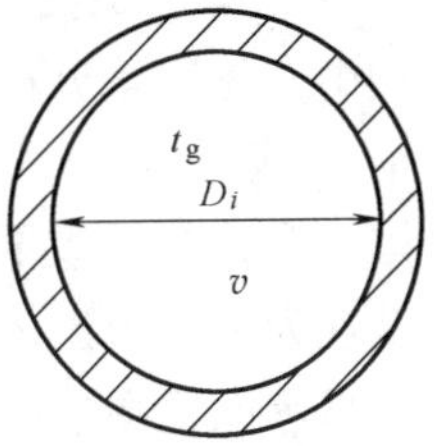

图 4-3　盘管内对流换热示意图

该对流换热过程传热量的大小与管内流体流动状况、埋管材料、管径规格尺寸等密切相关。

2. 换热系数的定量计算

由式（4-3）[9]可以求得 Nu 数，进而求出对流换热系数 $\alpha_{in}=Nu\lambda_w/D_i$。

$$Nu=\begin{cases}3.66 & (Re_{wm}\leqslant 2300)\\ 0.012(Re_{wm}^{0.87}-280)Pr_{wm}^{0.4}\left[1+\left(\dfrac{D_i}{L}\right)^{\frac{2}{3}}\right]\left(\dfrac{Pr_{wm}}{Pr_w}\right)^{0.11} & (2300<Re_{wm}<10^4)\\ 0.023Re_{wm}^{0.8}Pr_{wm}^{n}\quad (n=0.4\text{ 供冷};n=0.3\text{ 供暖}) & (10^4<Re_{wm}<1.2\times 10^5)\end{cases}\tag{4-3}$$

式中　Nu——对流换热的努谢尔特数；

D_i——盘管内径，m；

L——盘管长度，m；

λ_w——水的导热系数，W/(m·℃)；

Pr_w——以盘管内壁温度 t_w 为定性温度的普朗特数；

Re_{wm}，Pr_{wm}——雷诺数，普朗特数（以流体平均温度 t_{wm} 及盘管内径 D_i 作为定性温度和特征尺寸），其中 $t_{wm}=\dfrac{t_g+t_h}{2}$；

t_g——供水温度，℃；

t_h——回水温度，℃。

假定地面辐射系统中，管内径 $D_i=16$mm，一般流速 $v=0.4$m/s，并取管长 $L_t=100$m，在此条件下分别计算地面辐射供暖和供冷工况下的管内对流换热系数 α_{in}，如表 4-3 所示。

地面辐射供暖和供冷管内对流换热系数　　表 4-3

工况	定性温度 t_{wm}(℃)	黏度系数 υ (m^2/s)	雷诺数 Re_{wm}	普朗特数 Pr_{wm}	努谢尔特数 Nu	对流换热系数 α_{in}[W/(m^2·℃)]
地板供暖	45	0.608×10^{-6}	1.05×10^4	3.93	68.63	2202.98
地板供冷	20	1.006×10^{-6}	0.64×10^4	7.02	50.35	1445.05

文献［10］提出了更为直观的管内强迫对流换热系数计算公式，也可直接应用该公式计算管内强迫对流换热系数：

$$\alpha_{in}=\frac{1057(1.352+0.0198t_{wm})v^{0.8}}{D_i^{0.2}} \quad (4\text{-}4)$$

3. 内壁温度与流体温度的确定

由上述定量分析可以得出：无论是供暖还是供冷，管内强迫对流的换热系数都是 10^3 以上的数量级。随着流速和管径的变化，对流换热系数的数值会有一些变化，但其数量级不会改变。因此，对于整个地板传热过程而言，管内壁面温度可以视为等同于流体平均温度，这一假设引起的误差在 1.5%～2%之间。

当考虑稳态地板传热时，水的内能变化也就是地板的总散热量，当水以质量流量 G_w 通过地板盘管后，其内能变化为：

$$Q_w=G_wC_w(t_g-t_h) \quad (4\text{-}5)$$

式中 Q_w——水散热量，kW；

G_w——水质量流量，kg/s；

C_w——水的比热，kJ/(kg·℃)。

4.2.3 地板结构层导热

1. 物理模型

地板内传热是通过导热形式进行的，通常地板层的构造如图 4-2 所示。对导热的研究与认识较之对流换热和辐射的研究较为成熟，计算方法相对简单。但本书中地板导热却是极其重要的环节，因为在这个环节要给出地板表面温度和地板散热量这两个重要参数。计算当中较难确定的就是地板表面上的边界条件，因为地板表面同室内环境是以对流和辐射两种方式进行换热的，综合换热系数无法由单纯理论推导得到，一般是采用经验值或导热的反问题求出。

2. 数学模型

根据工程常用技术参数，认为地板层内为定常热物性，同一构造层内为各向同性均质的材料。由于管内流体对流换热系数很大，认为管内壁温度近似等于流体温度，且由于管长方向（轴向）的温度变化相对于盘管截面（径向）而言可以看作非常缓慢，所以只考虑地板层内的二维导热，则该导热问题的数学描述如下：

$$\frac{\partial^2 t}{\partial x^2}+\frac{\partial^2 t}{\partial y^2}=0 \quad (4\text{-}6)$$

由于所取计算单元的对称性，在 x 方向的边界条件近似可以取为：

$$\left.\frac{\partial t}{\partial x}\right|_{x=0}=\left.\frac{\partial t}{\partial x}\right|_{x=L}=0 \quad (4\text{-}7)$$

在管子与埋层的接触处，管内流体不停地与内管壁对流换热，然后传导到外管壁，考虑边界条件为：

$$-\lambda_{\mathrm{p}}\frac{\partial t}{\partial r}\bigg|_{r=D_i/2}=h_{\mathrm{in}}(t_{\mathrm{wm}}-t_{\mathrm{pm}}) \tag{4-8}$$

其中　t_{pm}——盘管外壁温度，℃；

h_{in}——流体到管外壁综合换热系数，W/(m^2·℃)，可按下式确定：

$$h_{\mathrm{in}}=\frac{1}{\dfrac{1}{\pi\alpha_{\mathrm{in}}D_{\mathrm{o}}}+\dfrac{1}{2\pi\lambda_{\mathrm{p}}}\ln\dfrac{D}{D_{\mathrm{o}}}} \tag{4-9}$$

式中　α_{in}——管内强迫对流换热系数，W/(m^2·℃)；

λ_{p}——盘管壁导热系数，W/(m·℃)；

D_{o}——盘管外径，m。

由于填充层下面通常敷设隔热材料，以保证热流可以最大限度地向上传递至房间，故可认为在填充层和绝热层的界面处：

$$\frac{\partial t}{\partial y}\bigg|_{y=-\frac{D}{2}}=0\quad \frac{\partial t}{\partial y}\bigg|_{y=-\frac{D_{\mathrm{o}}}{2}}=0 \tag{4-10}$$

地板表面的边界条件比较复杂，包括了对流和辐射传热的综合作用：

$$-\lambda_1\frac{\partial t}{\partial y}\bigg|_{\text{地板面}}=q_{\mathrm{r}}+q_{\mathrm{c}} \tag{4-11}$$

其中　λ_1——地板饰面层导热系数，W/(m^2·℃)；

q_{r}——辐射散热量，W/m^2；

q_{c}——对流散热量，W/m^2。

4.2.4　地板表面与室内环境的换热

地板表面与整个室内空间的换热包括两个部分：一部分是地板表面与室内空气的对流换热 q_{c}；另一部分是地板与围护结构内表面及室内物体表面的辐射换热 q_{r}。虽然地板表面的温度场并不均匀，但在考虑地板表面与室内空间的换热时，因为整个地板的平均温度起主导作用。因此，忽略地板表面温度分布的差异，采用其平均温度计算换热量。

1. 地板表面与室内空气的自然对流换热

地板表面与室内空气的对流换热属于自然对流换热，不均匀温度场产生不均匀的密度场，由此产生的浮升力是空气流动的动力。一般情况下，不均匀温度场只发生在靠近壁面的薄层，也就是边界层内。

地板表面自然对流换热量可以表示为：

$$q_{\mathrm{c}}=h_{\mathrm{c}}(t_{\mathrm{s}}-t_{\mathrm{a}}) \tag{4-12}$$

式中　h_{c}——地板和空气之间的对流换热系数，W/(m^2·℃)；

t_{a}——房间某指定处的空气温度，℃；

t_s——地板表面的平均温度，℃。

地板对流换热实验关联式[9]：

$$Nu=c(Gr \cdot Pr)^n \quad (4\text{-}13)$$

其中系数 c，n 如表 4-4 所示。根据地板对流换热实验关联式即可求得地板表面自然对流换热系数。

地板对流换热实验关联式系数 c，n **表 4-4**

关联式系数	地板供暖		地板供冷
	层流	紊流	层流
c	0.62	0.16	0.58
n	1/4	1/3	1/5

格拉晓夫准则数 Gr：

$$Gr=g\beta(t_s-t_a) \cdot l^3/\upsilon^2 \quad (4\text{-}14)$$

式中 t_s——地板表面温度，℃；

t_a——远离边界层的空气温度，℃；

g——重力加速度，m^2/s；

β——体积膨胀系数，1/℃；

l——定性长度，m；

υ——空气黏度系数，m^2/s。

各个物性参数以 $t_e=t_s-0.25(t_s-t_a)$ 为定性温度。

根据式（4-14）可以得出努谢尔特数 Nu，即而求出对流换热系数 h_c。

供暖时，如果取地板表面温度 t_s为 28℃，室内空气 t_a为 18℃，则定性温度 t_e为 23℃，假设定性长度 $l=3$m，则计算如下：

$$Gr=3.95\times10^{10}$$

$$Nu=484$$

$$h_c=4.2\text{W}/(\text{m}^2 \cdot ℃)$$

供冷时，地板表面温度为 20℃，室内空气温度为 26℃，则同样定性温度为 23℃，则

$$Gr=3.95\times10^{10}$$

$$Nu=0.58(Gr \cdot Pr)^{0.2}=71$$

$$h_c=0.63\text{W}/(\text{m}^2 \cdot ℃)$$

以上内容就地板表面自然对流进行了一些讨论，可见当地板供暖时由于热面朝上，其对流情况好于地板供冷时，两者对流换热系数存在较大差别。

2. 地板表面和室内其他表面的辐射换热

地板和室内环境的换热除了自然对流换热外，还有通过地板表面和房间其他

围护表面的辐射换热。

根据热辐射理论，地板表面和其他各个表面可以看成一定灰度的灰表面，图 4-4 所示是一辐射供暖/供冷房间的简图。

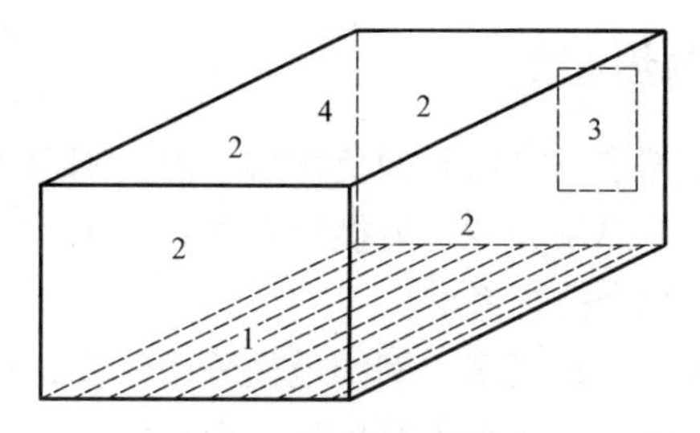

图 4-4　地板房间简图

地板为第一个表面；由于四面墙体的内表面状况及温度相近，故将它们简化为一个表面 2；窗户为表面 3；屋顶为表面 4。这样整个房间简化为由四个灰体表面组成的封闭腔的辐射换热问题。

利用辐射网络图分析地板和其他非加热（冷却）表面的辐射换热，如图 4-5 所示。

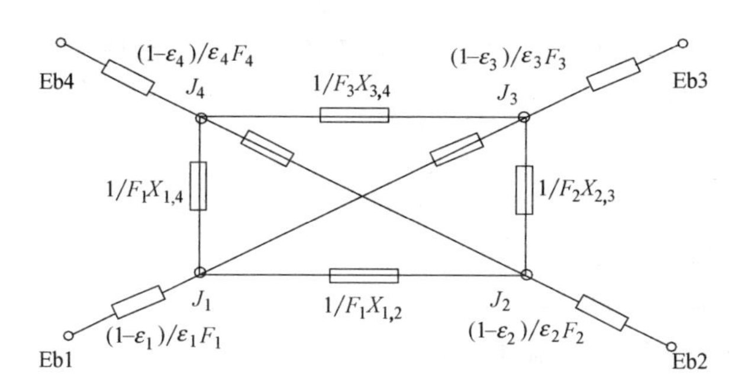

图 4-5　辐射传热网络图

图 4-5 中各节点的有效辐射力可以写成下式：

$$J_i = \varepsilon_i \sigma T_i^4 + (1-\varepsilon_i)\sum_{\substack{j=1 \\ i\neq j}}^{n} X_{i,j} J_j \tag{4-15}$$

式中　J_i——第 i 面的有效辐射力，W/m^2；

T_i——第 i 面绝对温度，K；

σ——斯蒂芬-玻尔兹曼常数，$\sigma = 5.67\times10^{-8} W/(m^2\cdot K^4)$；

$X_{i,j}$——第 i 面到第 j 面的角系数；

ε_i——第 i 面的灰度。

此处 $n=4$，计算出任意两个节点间的有效辐射力，应用电路原理就可以方便地计算出各个表面之间的辐射换热量。

综上所述，地面辐射供暖供冷系统的整个换热过程已给出，由于能量守恒，所以任一时刻盘管内流体通过地板表面向房间散热量一部分使得室内空气升温，另外一部分通过围护结构传向室外以抵抗外界对室内环境的扰动。

4.2.5 地板表面综合换热系数

实际工程中，在计算了供暖房间的负荷后，需要确定地板的散热量，而此时对设计人员来说，对流换热系数或辐射换热系数各为多少并不重要，其主要关心的是室内设计温度下的综合换热系数。

影响综合换热系数的因素很多，例如地板表面温度、指定位置的温度、其他围护结构内表面的状况等，这些因素对地板表面温度的影响较大。考虑这些因素以及地板表面的特性就能够大致确定出地板的综合换热系数，综合换热系数的确定为地面辐射系统的设计提供了基础依据。

1. 辐射换热系数

单位面积地板的散热量称为热流密度。散热量包括对流散热量和辐射散热量两个部分：

$$q=q_r+q_c \tag{4-16}$$

一般情况下，房间围护结构内表面可看作灰表面，则地板表面和其他表面的辐射换热量可以写成下式：

$$q_r=\varepsilon_s\sigma T_s^4-\sum_{i=1}^{N}\varepsilon_i\sigma T_i^4X_{s-i} \tag{4-17}$$

式中 ε_s——地板表面的发射率；

ε_i——其他表面的发射率；

T_s——地板表面绝对温度，K；

T_i——表面 i 的绝对温度，K；

X_{s-i}——地板表面和表面 i 的角系数。

由于室内各表面都是灰表面，而且它们的发射率在 0.9～0.95 之间[9]，所以上式可以简化为：

$$q_r=\varepsilon_s\sigma\sum_{i=1}^{N}\theta_{s,i}X_{s-i}(T_s-T_i) \tag{4-18}$$

式中 $\theta_{si}=\dfrac{T_s^4-T_i^4}{T_s-T_i}$，可以看出 θ_{fi} 的值只是随着地板表面和其他表面的温度值发生变化。

在地面辐射供暖系统中，一般地板表面温度通常不高于 29℃[8]左右，其他表面温度一般在 18～24℃（291 ～297K）之间（不考虑外窗），表 4-5 列出冬季工况下地板表面温度和围护结构内表面温度，并且分别计算 θ_{si} 值，如果取 $\theta_{si}=$

$1.065\times10^8K^3$，则可以保证一般条件下的最大误差在4%内。

供暖时不同板面温度下的 θ_{si} 值　　　　表4-5

T_f(℃)	T_i(℃)	θ_{si}(K^3)
26	18	1.027×10^8
26	20	1.037×10^8
26	22	1.048×10^8
28	20	1.048×10^8
28	22	1.059×10^8
28	24	1.069×10^8
29	20	1.053×10^8
29	22	1.064×10^8
29	24	1.074×10^8

取 $\theta=1.065\times10^8K^3$，将式（4-18）改写为：

$$q_r=\varepsilon_s\sigma\theta\sum_{i=1}^{N}X_{s-i}(T_s-T_i) \tag{4-19}$$

定义辐射换热系数 h_r：

$$h_r=\varepsilon_s\sigma\theta \tag{4-20}$$

根据式（4-20）计算通常情况下的辐射换热系数，如表4-6所示。由表4-6可以看到 h_r 取 $5.6W/(m^2\cdot K)$，误差在3%之内。

供暖辐射换热系数 h_r　　　　表4-6

$\sigma(W/m^2\cdot K^4)$	ε_s	θ_{si}(K^3)	$h_r[W/(m^2\cdot K)]$
5.67×10^8	0.9	1.065×10^8	5.43
5.67×10^8	0.95	1.065×10^8	5.74

在地板供冷的条件下，通常地板平均温度通常不低于19℃，其他表面温度值一般在27～30℃，计算不同地板表面温度下 θ_{si} 值，如表4-7所示，取 $\theta_{si}=1.05\times10^8K^3$，则可以保证一般条件下的最大误差在4%内。

供冷时不同板面温度下的 θ_{si} 值　　　　表4-7

T_s(℃)	T_i(℃)	θ_{si}(K^3)
18	25	1.027×10^8
18	27	1.037×10^8
20	25	1.048×10^8

续表

T_s(℃)	T_i(℃)	θ_{si}(K^3)
20	27	1.048×10^8
22	25	1.059×10^8
22	27	1.069×10^8
22	30	1.053×10^8
24	27	1.064×10^8
24	30	1.074×10^8

从表4-6和表4-7可以看到，冬季工况采用辐射换热系数$h_r=5.6W/(m^2\cdot K)$，夏季采用$5.5/W/(m^2\cdot K)$可以保证误差在4%内。

综上所述，地面辐射系统的辐射换热量可以计算为：

$$q_r = h_r \sum_{i=1}^{N} X_{s-i}(T_s - T_i) \tag{4-21}$$

可以看出地面辐射供暖和供冷条件下辐射换热系数相差并不大，这是由于辐射传热的特性决定的。

当将除地板外的其余围护结构表面假想为一个温度均匀的面后，则$X_{s-i}=1$，式（4-21）可变为：

$$q_r = h_r(T_s - AUST) \tag{4-22}$$

式中 $AUST$——除地板之外的其他非加热或非冷却壁面的平均温度，℃，如下式：

$$AUST = \sum_{i}^{n} F_i t_i / \sum_{i=1}^{n} F_i \tag{4-23}$$

式中 F_i——各表面面积，m^2。

2. 对流换热系数

地板和房间空气的对流换热系数是地板表面平均温度和空间指定处温度差值ΔT的函数，在地板供暖条件下[11]：

$$h_c = 1.52(\Delta T)^{0.33} \tag{4-24}$$

在地板供冷[11]时：

$$h_c = 0.68(\Delta T/l)^{0.25} \tag{4-25}$$

小平板供冷时层流条件下[11]：

$$h_c = 0.59(\Delta T/l)^{0.52} \tag{4-26}$$

McAdams[10]建议供冷采用下式

$$h_c = 0.12(\Delta T/l)^{0.52} \tag{4-27}$$

而根据实验和分析，文献［12］提出了地板表面对流的换热半经验公式：

$$q_c=0.87(t_s-t_a)^{1.25} \quad \text{(供冷)} \tag{4-28}$$

$$q_c=2.13(t_s-t_a)^{0.31} \quad \text{(供暖)} \tag{4-29}$$

3. 综合换热系数

当围护结构表面温度相同时，地面辐射系统总的换热量可以表示为：

$$q=h_t(t_s-t_r) \tag{4-30}$$

式中 h_t——地板和室内环境之间的换热系数，W/(m^2·K)；

t_r——房间参考计算温度，K。

房间参考温度 t_r综合考虑了房间空气温度和辐射温度时，其计算见下式：

$$t_r=\frac{h_c t_a+h_r AUST}{h_c+h_r} \tag{4-31}$$

综合换热系数 h_t在文献［13］中推荐为夏季工况 7W/(m^2·℃)，冬季工况 11W/(m^2·℃)；文献［14］中推荐为夏季工况 6.5W/(m^2·℃)，冬季工况 10.8W/(m^2·℃)。由此可见，冬夏两个工况综合换热系数相差较大的原因，是因为二者对流换热系数相差较大。同时，当地面辐射系统冷暖联供时，地板自身结构热阻不变，但传热过程总热阻存在差别，由此引起了联供系统冬夏季地板传热的匹配问题。

综前所述，可见地板传热过程的影响因素较多，通过对各个环节传热过程的分析，进一步明确地板的传热机理，为地板传热性能的理论分析奠定了基础。

4.3 辐射地板传热计算方法

如前所述，辐射地板系统传热机理相当复杂，传热方程的求解较为困难。在前述辐射地板传热机理的基础上，明确物理模型，结合实验所得到的数据，进行合理假设，建立相应的数学模型，把握地板传热规律并提出辐射地板的设计方法。

4.3.1 地板传热准一维计算方法

1. 准一维地板传热物理模型

地面辐射盘管回字形布管基本布置形式以及楼板层基本构造如图 4-1 和图 4-2所示。

地板向房间传热的基本路径可简述如下：来自机房的空调冷水（假定供水温度为 t_g）流经地板盘管，所携带的冷量首先以对流换热方式传递给管道内壁面，然后以导热方式继续传递给管外壁面，假定此时管外壁面平均温度为 t_{pm}；被冷却后的管外壁面继续以导热的方式向周围地板结构层传热，假定其传热路径为：首先，管壁以导热方式水平向其周围假想薄壁地板层 1 传热，并假定该假想层 1

的平均温度为 t_m；然后，该薄壁地板层 1 以导热的方式，通过上下地板结构层将冷量传至地板表面；被冷却后的地板表面一方面以对流换热方式将冷量传给空气，另一方面以辐射换热方式将冷量传给房间壁面；最终将房间温度控制在所需范围内，传热假定路径如图 4-6 所示。

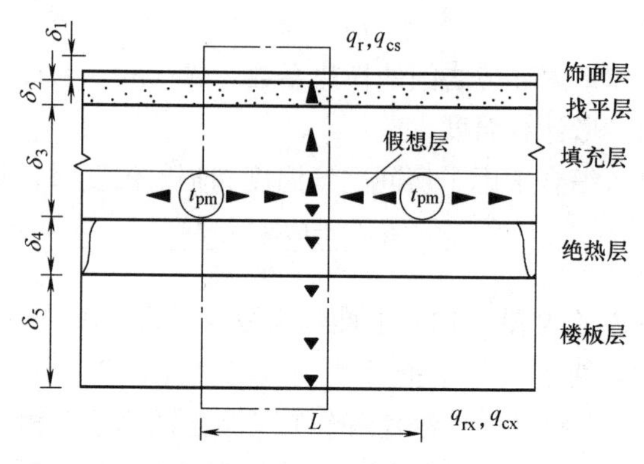

图 4-6　地板传热示意图

考虑到在水平方向上具有对称性，可将图 4-6 中虚线框部分简化为图 4-7 所示的物理模型。

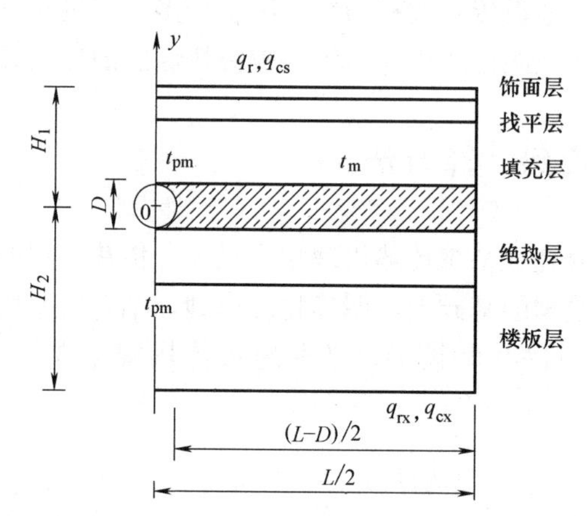

图 4-7　辐射地板传热简化物理模型

基于图 4-7 简化物理模型，作如下假设：地板结构层内材料具有定常热物性，同一构造层内为各向同性均质的材料；地板盘管通过楼板结构层同时向上、下层房间传热，其传热量与其所在结构层热阻遵循傅立叶定律；盘管向地板薄壁层 1 的传热过程与通过肋片的导热问题类同，即假定，薄壁地板层 1 的长（宽）度（$L/2$）与厚度（与管外径 D_o 相同）之比远大于 1。

2. 管内流体与管外壁传热模型

热量经管内壁传导至管外壁面，稳态情况下该导热量应与管内流体对流换热量相同。根据图 4-7，可建立管内流体与管壁之间的传平衡方程式（4-32）。

$$Q_m=\frac{t_{pm}-t_{wm}}{\frac{1}{\pi\alpha_{in}D_i}+\frac{1}{2\pi\lambda_p}\ln\frac{D_o}{D_i}} \tag{4-32}$$

式中　Q_m——单位管长的换热量，W/m；

t_{pm}——管外表面平均温度，℃；

求得单位管长的换热量 Q_m后，结合盘管总长度 L_t，即可建立关于地面辐射换热器总换热量的传热方程式（4-33）～式（4-35）：

$$Q_w=Q_m\times L_t \tag{4-33}$$

$$Q_w=\frac{t_{pm}-t_w}{\frac{F}{L_t}\left(\frac{1}{\pi\alpha_{in}D_i}+\frac{1}{2\pi\lambda_p}\ln\frac{D}{D_i}\right)} \tag{4-34}$$

$$Q_w=C_wG_w(t_g-t_h) \tag{4-35}$$

求解式（4-33）～式（4-35），即可以得到管外表面平均温度 t_{pm}与供、回水温度之间关系式（4-36）。

$$t_{pm}=c_wG_w\frac{F}{L_t}\left(\frac{1}{\pi\alpha_{in}D_i}+\frac{1}{2\pi\lambda_p}\ln\frac{D_o}{D_i}\right)(t_g-t_h)+t_{wm} \tag{4-36}$$

3. 地板换热热管道与地板薄壁层 1 之间的传热模型

将与管外径为 D_o的地板换热管外壁紧相邻的假想薄壁地板层 1 的导热问题视为肋片的导热问题，则可将其物理模型简化为图 4-8。此时，即肋片厚度等于管外径 D_o，肋片高度 $l=\frac{L-D_o}{2}$；肋基温度即为地板换热管外壁平均温度为 t_{pm}，肋片平均温度即为薄壁地板层 1 的平均温度为 t_m。

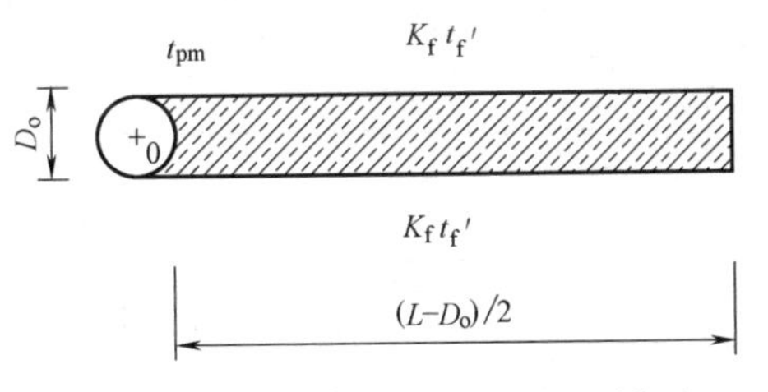

图 4-8　简化薄片地板层 1 物理模型

根据图 4-8，可建立该肋片导热微分方程式（4-37），相应边界条件为式（4-38）。

$$\frac{d^2t}{dx^2}-\frac{K_fU}{\lambda_3A_f}(t-t_{f'})=0 \tag{4-37}$$

$$\begin{cases} t\big|_{x=0}=t_{pm} \\ \frac{dt}{dx}\bigg|_{x=(L-D_o)/2}=0 \end{cases} \tag{4-38}$$

式中　$t_{f'}$——肋片周围当量介质温度，此处即为肋片临层界面温度，℃；

U——肋片周边长度，m；

A_f——肋片横截面积，m^2；

λ_3——假想肋片导热系数，此处即为填充层导热系数，W/(m·℃)；

K_f——肋片当量对流换热系数，W/(m^2·℃)，按下式确定：

$$K_f=\frac{2\lambda_3}{D_o}+\frac{2\lambda_3}{D_o}=\frac{4\lambda_3}{D_o} \tag{4-39}$$

联立求解方程式（4-37）~式（4-39），可以求得肋片平均温度 t_m。

$$t_m-t_{f'}=(t_{pm}-t_{f'})\frac{\text{th}(ml)}{ml} \tag{4-40}$$

$$ml=\frac{L-D_o}{2}\sqrt{\frac{K_f}{\lambda_3 D_o}} \tag{4-41}$$

根据肋片温度效率定义，可得式（4-42）：

$$\eta=\frac{t_m-t_{f'}}{t_{pm}-t_{f'}}=\frac{1}{L}\left\{D_o+(L-D_o)\frac{\tanh(ml)}{ml}\right\} \tag{4-42}$$

由此建立肋片平均温度 t_m 与肋片温度效率关系式：

$$t_m=t_{pm}-\frac{Q_w/F}{K_f}\left(\frac{1}{\eta}-1\right) \tag{4-43}$$

4. 薄壁地板层 1 与上、下地板结构层的传热模型

薄壁地板层 1 与上、下地板结构层的传热问题物理模型可简化为图 4-9。根据其传热过程，可建立它们之间的传热模型［式（4-44）~(4-47)］

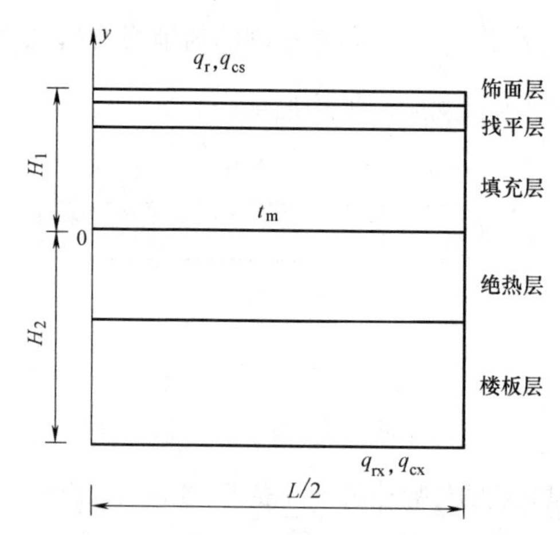

图 4-9　薄壁地板结构层 1 与上、下层传热物理模型简图

导热微分控制方程为，

$$\frac{d^2 t}{dy^2}=0 \tag{4-44}$$

边界条件为：

$$t|_{y=0}=t_{\mathrm{m}} \tag{4-45}$$

$$-\lambda_1\frac{\mathrm{d}t}{\mathrm{d}y}\bigg|_{y=H_1}=q_{\mathrm{r}}+q_{\mathrm{cs}} \tag{4-46}$$

$$-\lambda_5\frac{\mathrm{d}t}{\mathrm{d}x}\bigg|_{y=-H_2}=q_{\mathrm{rx}}+q_{\mathrm{cx}} \tag{4-47}$$

式中　λ_1、λ_5——饰面层、楼板层材料导热系数，W/(m·℃)；

q_{r}、q_{rx}——地板上、下表面辐射换热量［可根据式（4-48）计算］，W/m²；

q_{cs}，q_{cx}——地板上、下表面对流换热量，W/m²。

$$\begin{cases}q_{\mathrm{r}}=\sigma\phi_{\mathrm{r}}(T_{\mathrm{aust}}^4-T_{\mathrm{s}}^4)\\ q_{\mathrm{rx}}=\sigma\phi_{\mathrm{r}}(T_{\mathrm{aust}}^4-T_{\mathrm{px}}^4)\end{cases} \tag{4-48}$$

式中　T_{s}，T_{px}——地板上、下表面绝对平均温度（K）；

T_{aust}——按面积加权室内非供冷表面的绝对平均温度（K）；

ϕ_{r}——辐射换热因子，按下式计算：

$$\phi_{\mathrm{r}}=\frac{1}{\dfrac{1}{X_{\mathrm{s-aust}}}+\left(\dfrac{1}{\varepsilon_{\mathrm{s}}}-1\right)+\dfrac{F}{F_{\mathrm{aust}}}\left(\dfrac{1}{\varepsilon_{\mathrm{aust}}}-1\right)} \tag{4-49}$$

式中　$X_{\mathrm{s-aust}}$——地板对假想表面的角系数；

F，F_{aust}——地板与假想表面的面积，m²；

ε_{s}，$\varepsilon_{\mathrm{aust}}$——地板与假想表面的热发射率。

通常建筑房间内，ϕ_{r}按 0.87 取值[9]；并考虑到地面辐射供冷条件下，经过工程案例及实验测定，房间壁面的平均温度与室内空气温度差别不明显，一般可按 0.5～1.5℃取值[15]；如果取假想表面温度高于室内空气温度 1℃考虑，则有式（4-50)～式（4-52）成立。

$$q_{\mathrm{r}}=4.93\times10^{-8}[(T_{\mathrm{a}}+1)^4-T_{\mathrm{s}}^4] \tag{4-50}$$

$$q_{\mathrm{cs}}=0.87(t_{\mathrm{a}}-t_{\mathrm{s}})^{1.25} \tag{4-51}$$

$$q_{\mathrm{cx}}=2.13(t_{\mathrm{a}}-t_{\mathrm{px}})^{1.31} \tag{4-52}$$

当地板结构尺寸一定时，若已知供水温度，联立求解以上各式，即可以求得地板供冷能力、地板表面温度等关键参数，详细可见文献［16］。

4.3.2　地板传热当量热阻计算法

根据第 4.3.1 节的准一维简化肋片模型，可以获得地板表面平均温度和地板表面换热量。但对于地板供冷而言，房间的露点温度限制了地板表面最低温度，对地板供暖而言，地板最高温度决定了局部的热舒适性，由此获得较为准确的地板表面温度分布至关重要。地板传热控制方程的数值解法也可有效解决地板传热问题，获得计算图表也具有简单适用的特点，但当实际工程条件和计算条件不符时，其无法直接反映工程计算所需，故本节在传热机理分析的基础上，继续进行分析，力图获得适用于工程设计计算的地板表面温度分布和散热量简化计算方法。

1. 当量热阻模型

由于通常地板结构层内敷设了一定厚度的绝热材料，故当盘管内水温不太高时，通常背向热损失可以忽略。由此，不考虑地板向下传热后，地板传热的物理模型可以变为图 4-10 所示。

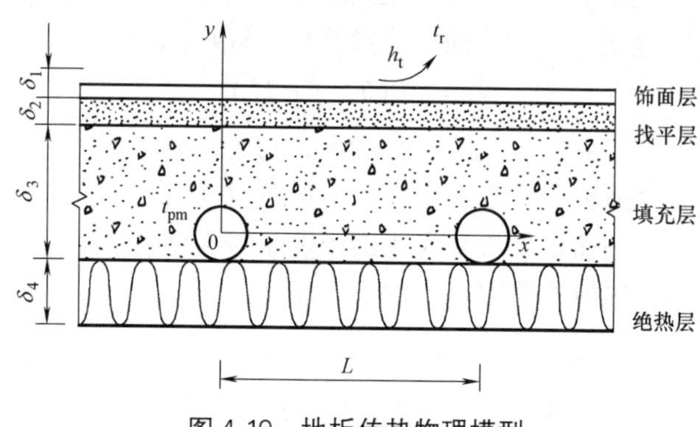

图 4-10　地板传热物理模型

2. 当量热阻法的提出

与前述简化肋片传热途径的假设类似，则图 4-10 所示的地板传热过程可以转化为图 4-11 所示串联热阻的形式，即总的传热是在流体和室内环境之间的温差驱动力下发生的。

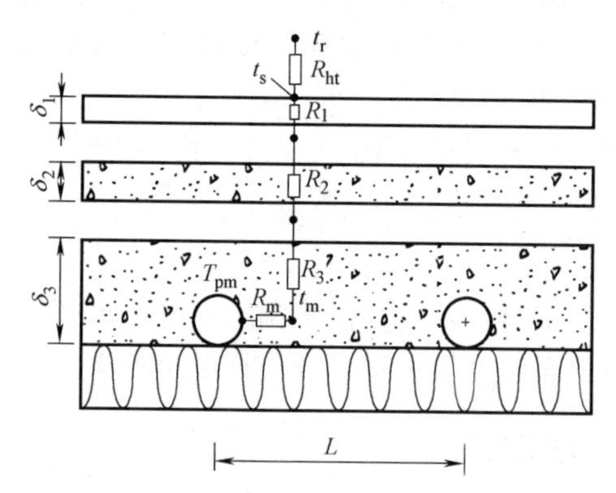

图 4-11　地板传热热阻示意图

从热量总体传递上来看，对应于管外壁温度 t_{pm} 与室内环境温度 t_r 之间驱动温差的热阻可以表示为：

$$R_{pr}=(t_r-t_{pm})/q \tag{4-53}$$

根据热阻串联理论，从管外壁到室内环境的传热总热阻 R_t 可以表示为：

$$R_{pr}=R_{ht}+R_f \tag{4-54}$$

式中　R_{ht}——地板表面和室内环境之间综合换热热阻，$R_{ht}=1/h_t$；

R_f——地板结构层热阻，其可以表示为：

$$R_f=(t_s-t_{pm})/q \tag{4-55}$$

式中　t_s——地板表面平均温度，℃

同理，地板结构层热阻可以表示为以下各层结构热阻串联：

$$R_f=R_1+R_2+R_3+R_m \tag{4-56}$$

式中　R_1——饰面层热阻，$R_1=\delta_1/\lambda_1$；

R_2——找平层热阻，$R_2=\delta_2/\lambda_2$；

R_3——从假想层到填充层上界面热阻；

R_m——从管壁到假想层的热阻。

假定总体热流在地板内的传递过程为一维传热过程。而在图 4-12 所示的一维传热过程中，两端温差给定的情况下，如果满足总热阻相同，则通过的热流 q 将不变。

$$R=R' \tag{4-57}$$

其中，R 是原热阻，而 R' 为当量热阻。根据一维传热热阻概念，有：

$$\delta/\lambda=\delta'/\lambda' \tag{4-58}$$

由此，假定饰面层和找平层采用和填充层一样的材料，则在保持热阻不变情况下，其当量厚度分别为：

$$\delta_1'=(\delta_1/\lambda_1)\cdot\lambda_3 \tag{4-59}$$

$$\delta_2'=(\delta_2/\lambda_2)\cdot\lambda_3 \tag{4-60}$$

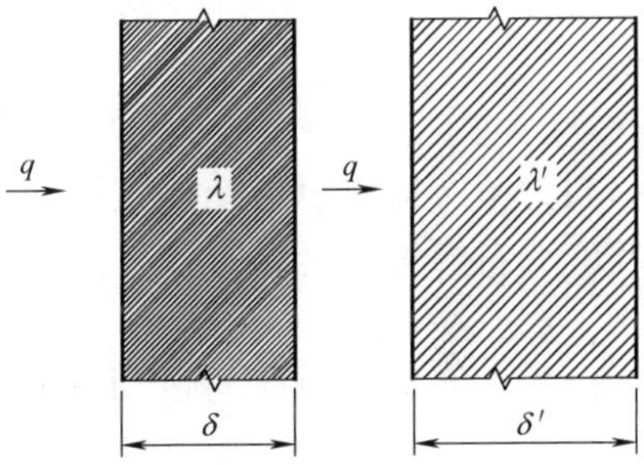

图 4-12　一维传热当量热阻示意图

此时饰面层和填充层的当量热阻与其原热阻相同。图 4-11 的串联热阻可以表示为图 4-13 所示热阻串联，由此将多层地板结构变为单层均匀地板结构。本方法称为当量热阻法 ETRM（Equivalent Thermal Resistance Method）。

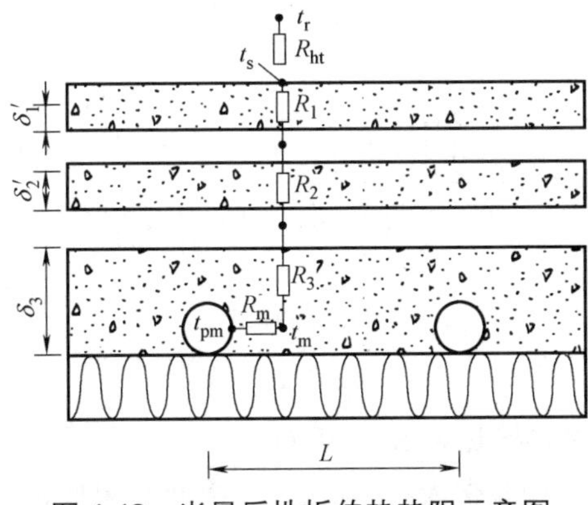

图 4-13　当量后地板传热热阻示意图

由此，根据当量热阻的方法，将多层地板结构假想简化为单层均匀地板结构，如图 4-14 所示。

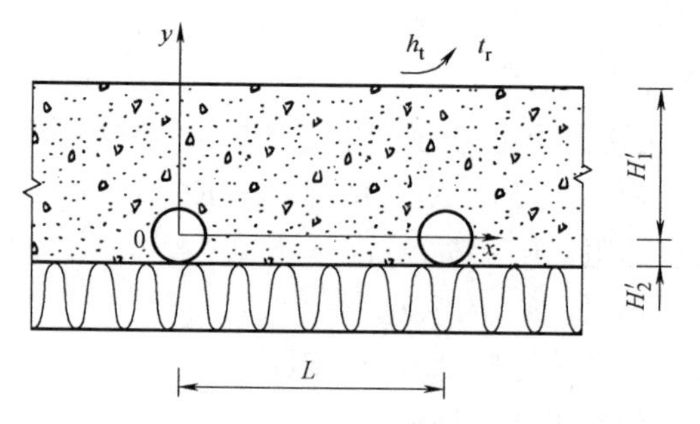

图 4-14　当量单层均匀地板结构示意图

当量后的地板结构转变为单层均匀地板结构，具有均匀的热物性参数，当量后地板结构尺寸为：

$$H'_1=\delta'_1+\delta'_2+\delta_3-0.5D_o \tag{4-61}$$

$$H'_2=0.5D_o \tag{4-62}$$

当为单层均质地板结构（图 4-14）时，可根据文献［17］得到地板结构层的温度分布解析式（4-63）。

$$t(x,y)=t_r-\Gamma\cdot(t_{pm}-t_r)\Big[\frac{\pi}{L}\Big(y-\frac{2\lambda_3}{U}+|y|\Big)-\sum_{i=1}^{\infty}\frac{1}{i}\big(e^{-\frac{2\pi i}{L}|y|}+G(i)e^{-\frac{2\pi i}{L}y}\big)\cos\Big(\frac{2\pi i}{L}x\Big)\Big] \tag{4-63}$$

其中，

$$\Gamma=1/\Big[\ln\Big(\frac{L}{\pi D_o}\Big)+\frac{2\pi\lambda_3}{LU}+\sum_{i=1}^{\infty}\frac{G(i)}{i}\Big] \tag{4-64}$$

$$U=1/\Big(\frac{1}{h_t}+\frac{H'_1}{\lambda_3}\Big) \tag{4-65}$$

$$G(i)=\frac{\frac{Bi+2\pi i}{Bi-2\pi i}e^{-\frac{4\pi i}{L}H'_2}-2e^{-\frac{4\pi i}{L}(H'_1+H'_2)}-e^{-\frac{4\pi i}{L}H'_1}}{e^{-\frac{4\pi i}{L}(H'_1+H'_2)}+\frac{Bi+2\pi i}{Bi-2\pi i}} \tag{4-66}$$

$$Bi=h_tL/\lambda_3 \tag{4-67}$$

其中　Bi——毕渥数；

λ_3——填充层材料导热系数，W/(m·℃)。

将地板表面坐标 $y=H'_1$ 带入式（4-63），由此获得地板表面温度分布：

$$t(x,H'_1)=t_r-\Gamma\cdot(t_{pm}-t_r)\Big[\frac{2\pi}{L}\Big(H'_1-\frac{\lambda_3}{U}\Big)-$$

$$\sum_{i=1}^{\infty}\frac{1}{i}\big(e^{-\frac{2\pi i}{L}|H'_1|}+G(i)e^{-\frac{2\pi i}{L}H'_1}\big)\cos\Big(\frac{2\pi i}{L}x\Big)\Big] \tag{4-68}$$

将温度分布曲线公式（4-68）在地板表面（0，L）进行平均，获得地板表面平均温度：

$$t_s=\frac{1}{L}\int_0^L t(x,H'_1)\mathrm{d}x=t_r-\Gamma\cdot\frac{2\pi}{L}(t_{pm}-t_r)\Big(H'_1-\frac{\lambda_3}{U}\Big) \tag{4-69}$$

将式（4-64）～式（4-67）带入式（4-69），则地板表面平均温度可简化为：

$$t_s=t_r+\Gamma\cdot\frac{2\pi}{Bi}(t_{pm}-t_r) \tag{4-70}$$

联立式（4-53）～式（4-56）和式（4-70），可获得从管外壁到室内环境的地板传热总热阻为：

$$R_{pr}=\frac{L}{2\pi\lambda_3}\frac{1}{\Gamma} \tag{4-71}$$

联立式（4-54）和式（4-71），求得从管外壁到饰面层表面的地板结构层热阻为：

$$R_f=\frac{L}{2\pi\lambda_3}\Big[\ln\Big(\frac{L}{\pi D_o}\Big)+\frac{2\pi H'_1}{L}+\sum_{i=1}^{\infty}\frac{G(i)}{i}\Big] \tag{4-72}$$

以上内容建立了管外壁温度和室内环境温度之差驱动下的地板传热过程，如果获得了管外壁温度，并已知室内环境温度要求，则可对地板传热过程进行分析和求解。在地面辐射系统应用前期，管壁材料的导热系数较大时，管壁热阻造成的管内外壁面的差异可以忽略，所以可认为管外壁温度等同于流体温度。但如果对于目前常用的塑料管材，若忽略管壁热阻，对地板表面温度分布可能带来较大影响，故需要对管壁热阻进行考虑。

3. 管壁热阻的修正

前节内容已经求得从管外壁到室内环境的热阻，在此考虑管壁热阻后，从流体到室内环境传热的串联热阻如图 4-15 所示。

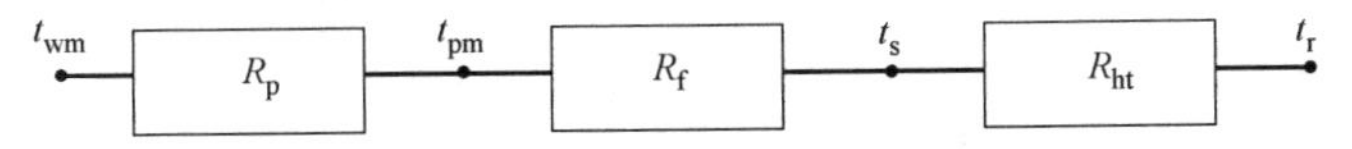

图 4-15　考虑管壁热阻的串联总热阻示意图

在此假定管壁内传热为一维导热，同时考虑到管壁散热面积与地板散热面积的不同，管壁热阻表示为：

$$R_p=\frac{L}{2\pi\lambda_p}\ln\frac{D_o}{D_i} \tag{4-73}$$

对图 4-15 利用热阻串并联原理，求得 t_{wm}和 t_{pm}之间关系式如下：

$$t_{pm}=t_{wm}+\frac{R_p}{R_f+R_p+R_{ht}}(t_r-t_{wm}) \tag{4-74}$$

将式（4-74）带入式（4-70）获得地板表面平均温度为：

$$t_s=t_r-\Gamma\frac{2\pi}{Bi}\frac{R_t}{R_f+R_p+R_{ht}}(t_r-t_{wm}) \tag{4-75}$$

同样，将式（4-74）带入式（4-68），考虑管壁热阻后的地板表面最低温度变为：

$$t_{min}=t_r-\Gamma\cdot\frac{R_t}{R_t+R_p}\cdot\left[\frac{2\pi}{Bi}+\sum_{i=1}^{\infty}\frac{1}{i}\left(e^{-\frac{2\pi i}{L}H_1'}+G(i)e^{-\frac{2\pi i}{L}H_1'}\right)\right](t_r-t_{wm}) \tag{4-76}$$

至此，通过当量热阻方法，并考虑管壁热阻修正后，得到了地板表面温度分布公式，可用于计算地板表面平均温度和任一点温度情况，可用于对地板表面温度场进行总体分析。

4. 系数的简化

上述公式中包含无穷级数项，需要编程计算才可以获得地板表面温度分布，在此进行一些简化分析和拟合，以期获得简便的计算式。由上列地板表面平均温度计算式可见，系数 Γ 出现在各计算式中，因此首先分析其影响因素以及取值范围。方便分析起见，将系数 Γ 表达式改写为：

$$\Gamma=1/(\Gamma_1+\Gamma_2+\Gamma_3) \tag{4-77}$$

其中：

$$\Gamma_1=\ln\left(\frac{L}{\pi D_o}\right) \tag{4-78}$$

$$\Gamma_2=\frac{2\pi\lambda_3}{LU}=2\pi\left(\frac{1}{Bi}+\frac{H_1'}{L}\right) \tag{4-79}$$

$$\Gamma_3=\sum_{i=1}^{\infty}\frac{G(i)}{i} \tag{4-80}$$

根据式（4-66），级数和项 $\sum_{i=1}^{\infty}G(i)/i$ 的影响因素可以表示为：

$$\sum_{i=1}^{\infty}G(i)/i=f_2(\overline{H_1'},\overline{H_2'},Bi) \tag{4-81}$$

式中，$\overline{H_1'}=\frac{H_1'}{L}$，$\overline{H_2'}=\frac{H_2'}{L}$。

由式（4-81）可知，影响级数和项 Γ_3 的变量主要有无因次尺寸和 Bi 准则数。计算不同变量值对应的级数项，结果如图 4-16 所示。

图 4-16（a）为当$\overline{H_2'}=0.05$ 不同 Bi 数时，级数和项 Γ_3 的变化情况。可见当

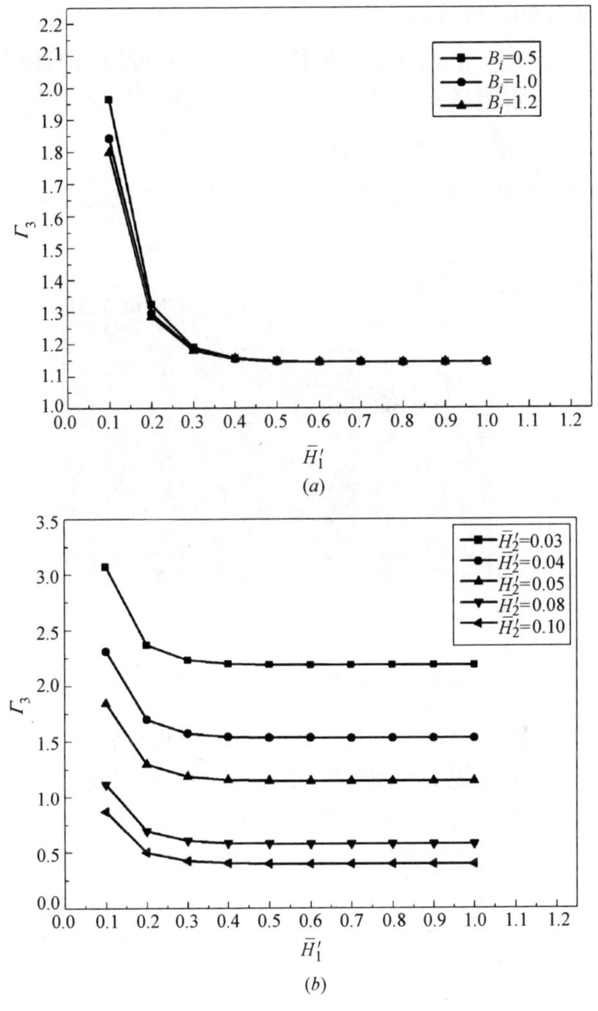

图4-16 级数和项 Γ_3 的变化情况

(a) $\overline{H_2'}=0.05$；(b) $Bi=1.0$

$\overline{H_1'}>0.3$ 后，Bi 数对其影响可以忽略。图4-16（b）为 $Bi=1.0$ 时级数和项 Γ_3 的变化情况，当 $\overline{H_1'}>0.3$ 时，通过数值拟合方法[15]可以得到：

$$\Gamma_3=0.1763+2.1086\exp\left(-\frac{\overline{H_2'}}{0.0391}\right)+0.4404\,\overline{H_2'}^{-0.4514}\exp\left(-\frac{\overline{H_1'}}{0.07935}\right) \tag{4-82}$$

但当 $\overline{H_1'}<0.3$ 时，Bi 对 Γ_3 影响较为显著，计算级数和项时，需考虑在 Γ_3 的基础上附加如下值：

$$\Delta\Gamma_3=0.0008\,\overline{H_1'}^{-2.6215}-(0.2900-1.0002\,\overline{H_1'})Bi \tag{4-83}$$

通过上述拟合公式，由式（4-82）和式（4-83）可以方便地利用无因次量进行级数和项的计算。将级数和项代入式（4-77），即可计算不同无因次尺寸和 Bi 数时，系数 Γ 的变化情况。图 4-17 是当 $Bi=1.0$，$\overline{H_2'}=0.05$ 时系数 Γ 的各项组成示意。可见其中 Γ_2 对其影响显著。而通常系数 Γ 的取值范围为 0.07～0.12。

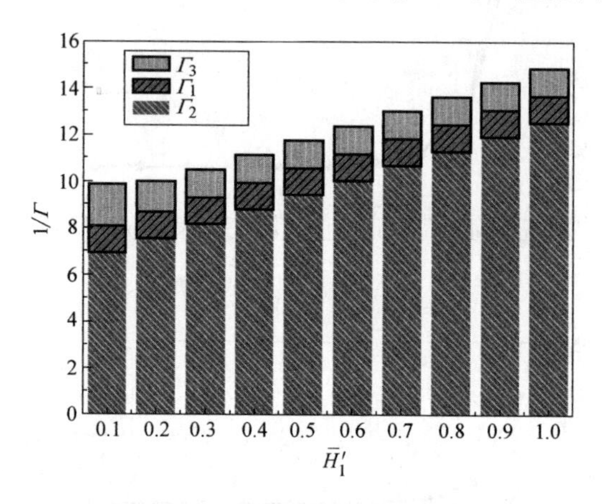

图 4-17　系数 Γ 的各项构成分配

由此，得到本节提出的计算方法的进一步的简化拟合公式，该组拟合公式形式更加简单，且不再包含无穷级数项，从而为工程设计提供了简单易行的计算式，通过该组拟合公式可以方便地计算地板表面温度。

本计算方法通过实测数据进行了验证，在本书第 6 章的四个典型房间中进行了近稳定工况的实测，地板表面平均温度的计算值和实测值误差在 0.4℃之内。

4.3.3　地板传热解析计算法

第 4.3.2 节采用当量热阻法求解多层地板传热方程，获得地板表面平均温度和温度分布情况，并提出了一定范围内适用的修正办法。该方法在计算地板平均温度时和实验结果符合较好，但温度分布仍有差别。为了更好地把握地板传热过程，获得准确的地板温度分布，为工程设计提供支持，为系统间歇运行提供准确的初始条件，本节进一步对地板传热方程进行分析和求解。

1. 物理模型

如前所述，目前国内常见的地板结构层构筑通常包括：饰面层、找平层、填充层和绝热层等。在具体工程应用中，通常找平层和填充层材料热物性比较接近，故一般可将找平层归入填充层中，而饰面层材料当采用不同地板材料时，其热物性差异较大，由此常用多层地板结构可简化为图 4-18 所示的热物理结构，也就是饰面层、填充层以及绝热层。

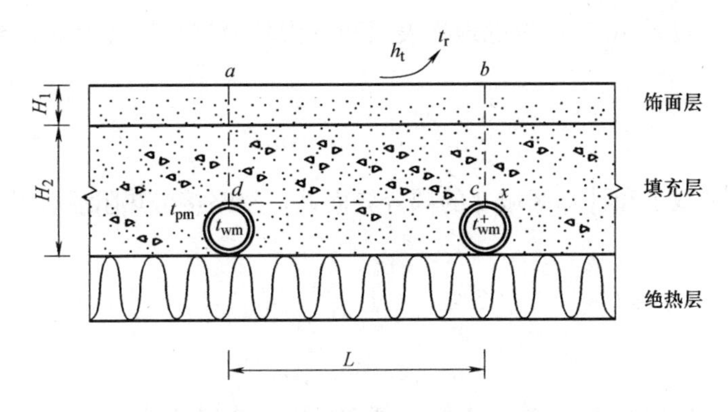

图 4-18　简化双层地板结构层示意图

2. 传热模型的建立

针对多层地板结构，选取图 4-19 中 abcda 围成的计算区域。该区域的上边界温度分布如果求得，则地板表面代表性的温度分布可知。

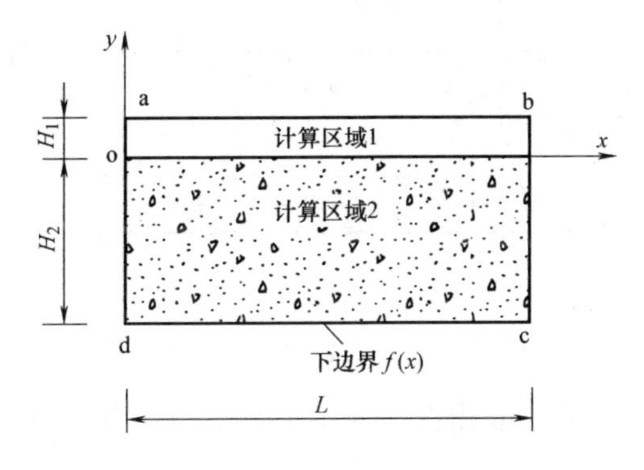

图 4-19　地板传热计算区域

针对图 4-19 所示热物理模型，令 $\theta=t-t_r$，可建立关于该结构层的二维传热方程：

$$\frac{\partial^2\theta_1}{\partial x^2}+\frac{\partial^2\theta_1}{\partial y^2}=0 \tag{4-84}$$

$$\frac{\partial^2\theta_2}{\partial x^2}+\frac{\partial^2\theta_2}{\partial y^2}=0 \tag{4-85}$$

同样考虑对称性，故 X 方向边界条件确定为：

$$\frac{\partial\theta_1}{\partial x}\bigg|_{x=0,x=L}=0 \tag{4-86}$$

$$\frac{\partial\theta_2}{\partial x}\bigg|_{x=0,x=L}=0 \tag{4-87}$$

在区域上边界 ab 处，考虑地板表面和室内环境进行综合换热，给出 Y 方向边界条件：

$$-\lambda_1 \frac{\partial \theta_1}{\partial y} \Big|_{y=H_1} = h_t \theta_1 \tag{4-88}$$

在计算区域 1 和计算区域 2 的耦合界面处，忽略接触热阻后，满足第四类边界条件如下：

$$\lambda_2 \frac{\partial \theta_2}{\partial y} \Big|_{y=0} = \lambda_1 \frac{\partial \theta_1}{\partial y} \Big|_{y=0} \tag{4-89}$$

$$\theta_2 \big|_{y=0} = \theta_1 \big|_{y=0} \tag{4-90}$$

在计算区域的底边 cd 处，先假设其满足以下边界条件：

$$\theta_2 \big|_{y=-H_2} = f(x) - t_r \tag{4-91}$$

首先根据第 4.3.2 节的当量热阻方法，将多层地板当量折合为单层地板（见图 4-20）。

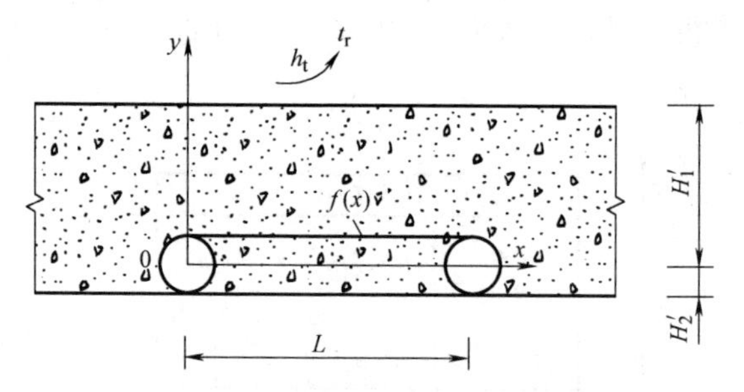

图 4-20　单层当量地板结构示意图

利用已知的计算结果，获得图 4-20 地板结构层内任一点温度分布为：

$$t(x,y) = t_r - \Gamma \cdot (t_{pm} - t_r)\left[\frac{\pi}{L}\left(y - \frac{2\lambda_2}{U} + |y|\right) - \sum_{i=1}^{\infty} \frac{1}{i}\left(e^{-\frac{2\pi i}{L}|y|} + G(i)e^{-\frac{2\pi i}{L}y}\right)\cos\left(\frac{2\pi i}{L}x\right)\right] \tag{4-92}$$

则当 $y=D_o/2$ 时，耦合边界处 $f(x)$ 为：

$$f(x) = t(x,D/2) = t_r - \Gamma \cdot (t_{pm} - t_r)\left[\frac{\pi}{L}\left(D_o - \frac{2\lambda_2}{U}\right) - \sum_{i=1}^{\infty} \frac{1}{i}\left(e^{-\frac{\pi D_o i}{L}} + G(i)e^{-\frac{\pi D_o i}{L}}\right)\cos\left(\frac{2\pi i}{L}x\right)\right] \tag{4-93}$$

将（4-93）代入式（4-92），则针对地板表面层的传热控制方程闭合。式（4-84）～式（4-91）和式（4-93）的方程组构成多层地板结构传热控制方程，即可采用分离变量法进行求解[18,19]。

3. 地板面层传热控制方程的求解

（1）变量的分离

分析方程组式（4-84）～式(4-88)，方程为齐次方程，对应三个齐次边界条件，满足分离变量的求解条件。如令 $\theta_1(x,y)=X_1(x)Y_1(y)$，$\theta_2(x,y)=X_2(x)Y_2(y)$，将其带入式（4-84）则有：

$$\frac{X''_1}{X_1}=-\frac{Y''_1}{Y_1} \tag{4-94}$$

$$\frac{X''_2}{X_2}=-\frac{Y''_2}{Y_2} \tag{4-95}$$

将 θ_1，θ_2带入边界条件式（4-86）和式（4-87），则有：

$$X'_1\,|_{x=0}=0 \tag{4-96}$$

$$X'_1\,|_{x=L}=0 \tag{4-97}$$

$$X'_2\,|_{x=0}=0 \tag{4-98}$$

$$X'_2\,|_{x=L}=0 \tag{4-99}$$

将 θ_1带入边界条件式（4-88），则有：

$$-\lambda_1 Y'_1\,|_{y=H_1}=h_t Y_1 \tag{4-100}$$

在两个区域的耦合边界处，即 $y=0$ 时，分离变量如想成立，则需满足：

$$\lambda_2\frac{\partial\theta_2}{\partial y}\,|_{y=0}=\lambda_1\frac{\partial\theta_1}{\partial y}\,|_{y=0} \tag{4-101}$$

$$\theta_2\,|_{y=0}=\theta_1\,|_{y=0} \tag{4-102}$$

特别注意，在唯一的非齐次边界处满足下式条件：

$$\theta_2\,|_{y=-H_2}=f(x)-t_{\mathrm{r}} \tag{4-103}$$

（2）传热区域方程的求解

1）变量 X 的本征函数

由式（4-94）可知，方程左右变量不相关，如该式成立，则必有 $\frac{X''_1}{X_1}=-\frac{Y''_1}{Y_1}=-\beta_n{}^2$。

结合边界式（4-96)～式（4-99），可求得 X 的本征函数：

$$X_1(x)=\cos(\beta_n x) \tag{4-104}$$

$$X_2(x)=\cos(\beta_n x) \tag{4-105}$$

其中，$\beta_n=\frac{n\pi}{L}$，　$n=0，1，2，3\cdots\cdots$

2）变量 Y 的本征函数

由式（4-94）和式（4-95）可知，方程左右变量不相关，如该式成立，则必有$\frac{Y''_1}{Y_1}=\beta_n{}^2$，$\frac{Y''_2}{Y_2}=\beta_n{}^2$，求得其通解为：$Y_{10}\ (y)=A_0+B_0\cdot y$，对应于 $n=0$ 的特征值：

$$Y_{1n}(y)=A_n\cdot \mathrm{e}^{\beta_n y}+B_n\cdot \mathrm{e}^{-\beta_n y}\quad n=1,2,3,4,5\cdots \tag{4-106}$$

$Y_{20}(y)=C_0+D_0\cdot y$，对应于 $n=0$ 的特征值

$$Y_{2n}(y)=C_n\cdot e^{\beta_n y}+D_n\cdot e^{-\beta_n y}\quad n=1,2,3,4,5\cdots \tag{4-107}$$

3）计算区域传热方程解的形式

将以上求解的本征函数组合，求得传热区域 1 的通解为：

$$\theta_1(x,y)=A_0+B_0 y+\sum_{n=1}^{\infty}(A_n\cdot e^{\beta_n y}+B_n\cdot e^{-\beta_n y})\cos\left(\frac{n\pi}{L}x\right) \tag{4-108}$$

利用边界条件，求得系数 A 和 B 之间的关系：

$$B_0=A_0\cdot\frac{-Bi_1}{L+H_1\cdot Bi_1} \tag{4-109}$$

$$B_n=A_n\cdot\frac{n\pi+Bi_1}{n\pi-Bi_1}e^{2\beta_n H_1} \tag{4-110}$$

其中，$Bi_1=h_t L/\lambda_1$。

同样，得到传热区域 2 的通解：

$$\theta_2(x,y)=C_0+D_0 y+\sum_{n=1}^{\infty}(C_n e^{\beta_n y}+D_n e^{-y})\cos(\beta_n x) \tag{4-111}$$

因为忽略区域交界面的接触热阻，则在区域 1，2 界面处，利用第四类边界条件式（4-101）和式（4-102）可得到级数项系数方程如下：

$$\begin{cases}A_0=C_0\\ B_0=\dfrac{\lambda_2}{\lambda_1}D_0\\ A_n=\dfrac{C_n+D_n}{2}+\dfrac{\lambda_2}{2\lambda_1}(C_n-D_n)\\ B_n=\dfrac{C_n+D_n}{2}-\dfrac{\lambda_2}{2\lambda_1}(C_n-D_n)\end{cases} \tag{4-112}$$

（3）利用非齐次边界条件求解系数

根据式（4-91）、式（4-93）和式（4-108），则有：

$$\begin{aligned}\theta_2(x,-H_2)&=C_0-D_0 H_2+\sum_{n=1}^{\infty}(C_n e^{-\beta_n H_2}+D_n e^{\beta_n H_2})\cos(\beta_n x)\\&=-\Gamma\cdot(t_{pm}-t_r)\left[\frac{\pi}{L}\left(D-\frac{2\lambda_2}{U}\right)-\sum_{i=1}^{\infty}\frac{1}{i}(e^{-\frac{\pi Di}{L}}+G(i)e^{-\frac{\pi Di}{L}})\cos\left(\frac{2\pi i}{L}x\right)\right]\end{aligned} \tag{4-113}$$

对比方程两端的系数，可以求得：

$$\begin{cases}C_0-D_0\cdot H_2=-\Gamma\cdot(t_{pm}-t_r)\dfrac{\pi}{L}\left(D-\dfrac{2\lambda_2}{U}\right)\\ C_n e^{-\beta_n H_2}+D_n e^{\beta_n H_2}=\Gamma\cdot(t_{pm}-t_r)\left[\dfrac{2}{n}\left(e^{-\frac{\pi Dn}{2L}}+G\left(\dfrac{n}{2}\right)e^{-\frac{\pi Dn}{2L}}\right)\right]\end{cases} \tag{4-114}$$

联立级数方程组式（4-109）、式（4-111）、式（4-112）和式（4-114），最终可求得：

$$A_0=\Gamma\cdot(t_{pm}-t_r)\cdot\phi_A \tag{4-115}$$

其中，$\phi_A=-\frac{\pi}{L}\left(D-\frac{2\lambda_2}{U}\right)/\left(1+\frac{H_2\cdot Bi_2}{L+H_1\cdot Bi_1}\right)$。

$$B_0=\Gamma\cdot(t_{pm}-t_r)\cdot\phi_B\cdot\phi_A \tag{4-116}$$

其中，$\phi_B=\frac{-Bi_1}{L+H_1\cdot Bi_1}$。

$$A_n=\chi_n\cdot\Gamma\cdot(t_{pm}-t_r)\,,\ n=2,4,6,8\cdots \tag{4-117}$$

其中，$\chi_n=\frac{\left[\frac{2}{n}\left(e^{-\frac{\pi Dn}{2L}}+G\left(\frac{n}{2}\right)e^{-\frac{\pi Dn}{2L}}\right)\right]}{\left[\frac{\lambda_1}{2\lambda_2}(1-\phi_n)+\frac{1+\phi_n}{2}\right]e^{-\beta_n H_2}+\left[\frac{1+\phi_n}{2}-\frac{\lambda_1}{2\lambda_2}(1-\phi_n)\right]e^{\beta_n H_2}}$。

其中，$\phi_n=\frac{n\pi+Bi_1}{n\pi-Bi_1}e^{2\beta_n H_1}$。

$$B_n=\phi_n\cdot\chi_n\cdot\Gamma\cdot(t_{pm}-t_r)\,,n=2,4,6,8\cdots \tag{4-118}$$

由此，图4-19所示结构层内温度场分布为：

$$\begin{aligned}t(x,y)=&t_r-\Gamma\cdot(t_{pm}-t_r)\cdot\phi_A+\Gamma\cdot(t_{pm}-t_r)\cdot\phi_B\cdot\phi_A\cdot y\\&+\sum\{\chi_n\cdot\Gamma\cdot(t_{pm}-t_r)e^{\beta_n y}+\phi_n\cdot\chi_n\cdot\Gamma\cdot(t_{pm}-t_r)e^{-\beta_n y}\}\cos(\beta_n x)\end{aligned} \tag{4-119}$$

而地板表面温度分布为：

$$\begin{aligned}t(x,H_1)=&t_r-\Gamma\cdot(t_{pm}-t_r)\cdot\phi_A+\Gamma\cdot(t_{pm}-t_r)\cdot\phi_A\cdot\phi_B\cdot H_1\\&+\sum\{\chi_n\cdot\Gamma\cdot(t_{pm}-t_r)e^{\beta_n H_1}+\phi_n\cdot\chi_n\cdot\Gamma\cdot(t_{pm}-t_r)e^{-\beta_n H_1}\}\cos(\beta_n x)(n\text{ 为偶数})\end{aligned} \tag{4-120}$$

当 $x=0$ 时，获得地板表面最低平均温度：

$$t_{min}=t_r+2\pi\Gamma(t_{pm}-t_r)/Bi_2+\sum\chi_n\cdot\Gamma\cdot(t_{pm}-t_r)(e^{\beta_n H_1}+\varphi_n e^{-\beta_n H_1}) \tag{4-121}$$

将式（4-120）在地板表面 $x\in[0,L]$ 积分求平均值，简化后可得地板表面平均温度为：

$$t_s=t_r+2\pi\Gamma\cdot(t_{pm}-t_r)\cdot\frac{1}{Bi_2} \tag{4-122}$$

可见采用近似解析解求得的平均温度值和式（4-70）当量热阻法求得的平均值一致，即两者获得的地板结构热阻一致。

同样，通过热阻分析引入的管壁热阻对于板面温度分布的影响，将式(4-74)带入式（4-122），可建立流体温度和地板温度的关系。

$$t_s=t_r-\Gamma\frac{2\pi}{Bi_2}\frac{R_t}{R_t+R_p}(t_r-t_{wm}) \tag{4-123}$$

地板表面温度分布和流体温度之间的关系：

$$t(x,H_1)=t_r+\Gamma\cdot\frac{R_t}{R_t+R_p}(t_r-t_{wm})\cdot\phi_A-\Gamma\cdot\frac{R_t}{R_t+R_p}(t_r-t_{wm})\cdot\phi_A\cdot\phi_B\cdot H_1$$

$$-\frac{\Gamma\cdot R_t}{R_t+R_p}(t_r-t_{wm})\sum\{\chi_n e^{\beta_n H_1}+\phi_n\cdot\chi_n\cdot e^{-\beta_n H_1}\}\cos(\beta_n x) \qquad (4\text{-}124)$$

4. 数学模型的验证

根据式（4-124），可以获得地板表面温度分布曲线，现为了验证模型的有效性，本节将对模型计算结果分别进行数值模拟验证和实验验证。

5. 数值模拟验证

选取同样供水参数和地板结构，利用有限元计算软件 ANSYS 和本章提出的解析解分别计算地板表面温度。计算条件如表 4-8 所示，考虑了填充层导热系数和饰面层导热系数的不同。数值计算结果和解析计算结果对比如图 4-21 所示。明显可见，数值计算和解析解两种方法计算的结果非常吻合，由此证明了本书二维传热解析解的有效性。

计算条件 **表 4-8**

计算工况	填层厚度(mm)	填层导热系数[W/(m·K)]	饰面层厚度(mm)	饰面层导热系数[W/(m·K)]	管间距 L(mm)
Case1	50	1.28	10	0.15	200
Case2	50	1.51	10	1.1	200

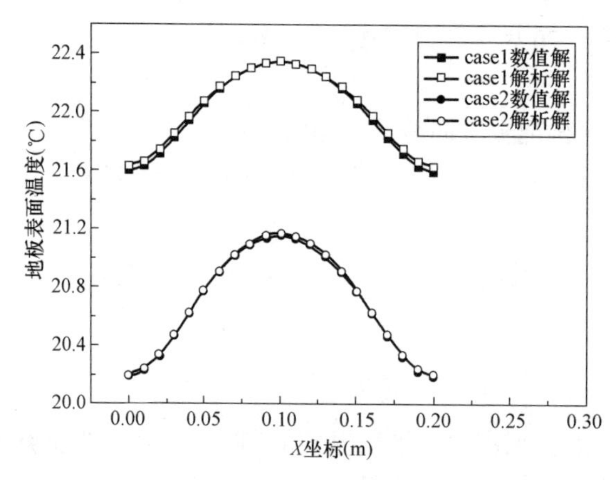

图 4-21 数值和解析计算结果对比

6. 模型的实验验证

同样利用图 6-12 四个实验房间的测试结果和计算结果进行了对比。地板表面平均温度计算误差在 0.3℃，这和第 4.3.2 节的结果相差不大，但本解析计算法得到的最低温度计算误差不大于 0.2℃，显示了更为准确的地板温度分布[20]。这也证明，两个模型求解地板表面平均温度差别不大，但计算地板表面温度的分布时，本节的近似解析法具有更好的适应性。

本章参考文献

［1］ GB 50736—2012. 民用建筑供暖通风与空气调节设计规范. 北京：中国计划出版社，2012.

［2］ 陆耀庆主编. 实用供热空调设计手册［M］. 第二版. 北京：中国建筑工业出版社，2008.

［3］ 刘学来，李永安等. 毛细管平面辐射空调房间室内计算温度研究［J］. 煤气与热力，2010，30（3）：24-29.

［4］ 凌疆. 辐射供暖供冷负荷计算方法研究［D］. 重庆：重庆大学，2016.

［5］ 翁文兵，李勇，李聪. 辐射供冷房间冷负荷计算方法的研究［J］. 建筑节能，2016（1）：1-6.

［6］ 闫艳. 内嵌管式围护结构间歇供冷下建筑负荷特性研究［D］. 西安：长安大学，2017.

［7］ 吴梓煊. 辐射供冷房间冷负荷简化计算方法研究［D］. 西安：长安大学，2018.

［8］ JGJ 142—2004. 地面辐射供暖技术规程［S］. 北京：中国建筑工业出版社，2004.

［9］ 杨世铭，陶文铨. 传热学［M］. 北京：高等教育出版社，1998.

［10］ McAdams W H. Heat transmission［M］，3rd ed. New York：McGraw-Hill，1954.

［11］ ASHRAE Handbook-2005 Fundamentals. Heat transfer［M］. Atlanta：ASHRAE Inc，2005.

［12］ ASHRAE handbook-2016 HVAC Systems and equipment. Panel heating and cooling［M］. Atlanta：ASHRAE Inc，2016.

［13］ OLESEN B W. Radiant floor cooling systems［J］. ASHRAE Journal，2008，（9）：16-22.

［14］ BS EN1264：2008. Heating and cooling surfaces embedded in floors，ceilings and walls-determination of the thermal output［S］.

［15］ Qingqing Li，Chao Chen，Jie Lin，Ye Zhang，Zhuo Li，Pin Wu，A study on heating characteristics of the combined radiant floor heating & cooling system with uneven tubing//Proceedings-6th International Symposium on Heating，Ventilating and Air Conditioning [C]，ISHVAC 2009，v1，366-372.

[16] 李清清，陈超，蔺洁等. 冷暖联供地面辐射换热器传热性能研究 [J]. 北京工业大学学报，2011，37 (s1)：125-131.

[17] Koschenz M，Lehman B. Thermoaktive Bauteilsysteme Tabs [M]. EMPA Energiesysteme/Haustechnik，Zurich，2000.

[18] Beck JV. Transient three-dimensional heat conduction problems with partial heating [J]. International Journal of Heat and Mass Transfer，2011，54 (11)：2479-2489.

[19] Haji-Sheikh A，Beck JV，Agonafer D. Steady-state heat conduction in multi-layer bodies [J]. International Journal of Heat and Mass Transfer，2003，46 (13)：2363-2379.

[20] Qing-qing Li，Chao Chen，Ye Zhang，Jie Lin，Hao-shu Ling，Yun Ma. Analytical solution for heat transfer in a multilayer floor of a radiant floor system [J]. Building Simulation，2014，7 (3)：207-216.

第 5 章 辐射地板的热工设计方法

本章首先介绍了目前常用的辐射地板的热工设计方法，分析了各种设计方法的特点。基于第 4 章的地板传热理论分析及传热计算方法，从辐射地板事实上是辐射供暖供冷系统末端的角度，将其视为一种特殊形式的换热器，并提出了地板热工设计的 ε-*NTU* 方法，并通过设计案例进行了分析比较。

5.1 辐射地板热工设计方法介绍

根据文献 [1]，目前通常采用的辐射地板热工设计方法有 ASHRAE 手册计算法、欧洲标准计算法和日本手册计算法和我国《辐射供暖供冷技术规程》计算法。下面分别进行简单介绍。

5.1.1 ASHRAE 手册计算法简介

在 ASHRAE 手册上，提供了辐射板设计方法的图算法和表算法。下面分别简要介绍其基本原理和设计过程。

1. 图算法

ASHRAE 手册图算法首先考虑了辐射板的特征热阻 r_u，该热阻考虑了盘管和辐射板之间的安装方式、盘管材料及尺寸、埋管层材料及尺寸以及辐射板覆盖层的影响，如下式：

$$r_u = r_t M + r_s M + r_p + r_c \tag{5-1}$$

式中 r_u——辐射板特征热阻，$(m^2 \cdot k)/W$；

M——管道中心距，m；

r_t——单位管间距下的盘管管壁热阻，$(m^2 \cdot k)/W$；

r_s——单位管间距下的盘管接触热阻，$(m^2 \cdot k)/W$；

r_p——埋管所在层的热阻，$(m^2 \cdot k)/W$；

r_c——辐射板表面覆盖材料的热阻，$(m^2 \cdot k)/W$。

ASHRAE 手册给出了几种典型安装形式下的 r_s，当辐射板构造采取混凝土填充式埋管结构时，r_s可忽略。

辐射板埋管层热阻计算则如式 (5-2)：

$$r_p=\frac{x_p}{k_p} \tag{5-2}$$

式中 x_p——埋管深度，m；

k_p——埋层材料的导热系数，W/(m·K)。

单位管间距下盘管的热阻计算如式（5-3）：

$$r_t=\frac{\ln(D_o/D_i)}{2\pi k_t} \tag{5-3}$$

式中 k_t——管壁材料导热系数，W/(m·K)；

D_o——盘管外径，m；

D_i——盘管内径，m。

辐射板覆盖层热阻如下：

$$r_c=\frac{x_c}{k_c} \tag{5-4}$$

式中 x_c——覆盖层厚度，m；

k_c——覆盖层材料的导热系数，W/(m·K)。

通过以上公式，综合考虑辐射板表面和室内环境之间的辐射换热和对流换热情况，制作了适用于地面辐射供暖和平顶辐射供冷的计算图（见图 5-1）。

辐射板表面与室内环境之间的综合传热量 q，包括对流传热量和辐射传热量两个部分，其中对流传热量可认为对应于辐射板表面温度 t_p 和室内空气温度 t_a 之差，辐射传热量对应于辐射板表面温度 t_p 和其他非加热/冷却面的平均温度 $AUST$ 之差。在安装辐射板面的房间内，空气温度和围护结构壁面温度存在一定差别。

应用该计算图时，首先已知室内设计温度 t_a 和相应的房间的冷热负荷计算结果，该热负荷或者冷负荷中的显热部分就是辐射板面应提供向室内的热流值 q，根据房间外围护结构情况预设非加热面的平均温度 $AUST$，当 q 和 $AUST$ 已知时，就可以根据相应参数进行计算并确定辐射板表面平均温度 t_p。最后通过 t_p、供回水平均温度 t_w 以及管间距之间的关系，确定供水温度。

2. 表算法

（1）表算法的计算公式

基于地板传热结构的肋片假设，ASHRAE Handbook 2016 给出了设计和分析辐射板的下列公式：

$$t_d\approx t_a+\frac{(t_p+t_a)\cdot M}{2W\cdot\eta+D_o}+q\cdot(r_p+r_c+r_s\cdot M) \tag{5-5}$$

式中 t_d——盘管（发热电缆）的平均表面温度，℃；

q——辐射板表面的综合传热量，W/m²；

t_a——室内设计温度，℃；对于地面辐射供暖或平顶辐射供冷系统，当有

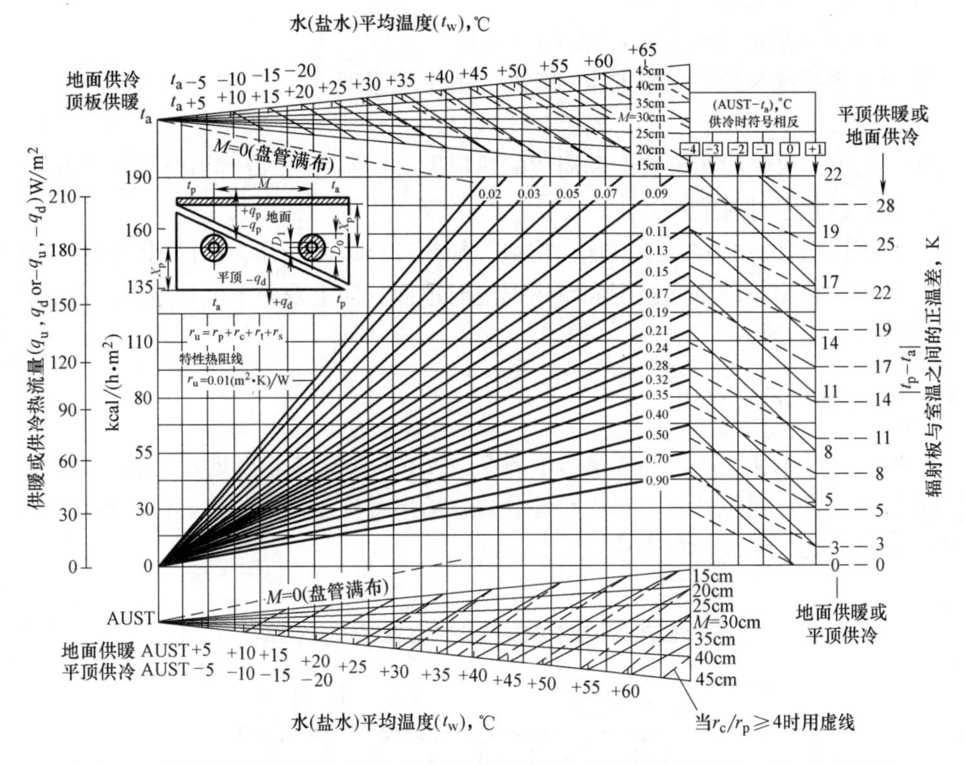

图5-1 地板或平板供暖/供冷显热负荷计算图（引自AHRAE Handbook 2016）

大面积的外窗时，应以非加热面平均温度 $AUST$ 替代；

D_o——盘管外径或特征宽度，m；

M——管道中心距，m；

$2W$——管间的净距，M-D_o，m；

η——翅片效率，%。

$$\eta=\frac{\tanh(f\cdot W)}{f\cdot W} \tag{5-6}$$

$$f\cdot W>2\text{ 时}:\eta\approx 1/fW \tag{5-7}$$

式（5-8）、式（5-9）可用以计算包括了辐射板与表面覆盖物中的横向热扩散的肋片效率，对于 $t_p\neq t_a$，有：

$$f\approx\left[\frac{q}{m(t_p-t_a)\sum_{i=1}^{n}\lambda_i x_i}\right]^{\frac{1}{2}} \tag{5-8}$$

$$m=2+r_c/2r_p \tag{5-9}$$

式中 n——不同材料的层数，包括辐射板和覆盖物；

x_i——i 层的厚度，m；

λ_i——i 层的导热系数，W/(m・K)。

对于水系统来说，要求的水（盐水）的平均温度为：

$$t_w=(q+q_b)Mr_t+t_d \quad (5\text{-}10)$$

式中 q_b——供暖时为板背面和周边的热损失（正值），供冷时为得热（负值）

（2）散热量计算表

根据以上计算公式，给定地面构造、加热管类型、管径、铺设间距及面层热阻，即可计算出不同供水温度和室内温度时地面的向上及向下散热量。本部分计算表格详见附录 A。

5.1.2 欧洲标准计算法

欧洲标准 EN1264：2008 给出了图 5-2 所示的填充式辐射地板构造模型，采用有限元法进行模拟计算，得出经验公式，给出各项系数的数值，供工程设计应用，以下简要介绍该计算方法。

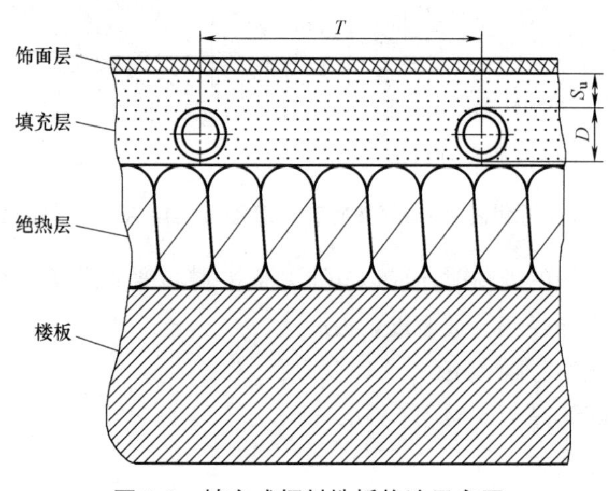

图 5-2 填充式辐射地板构造示意图

1. 边界条件

针对图 5-2 所示辐射地板结构，采用模拟计算时，需要明确其各边界条件。

（1）地板表面处给出单位面积供热量 q：

$$q=8.92(\theta_{F\cdot m}-\theta_i)^{1.1} \quad (5\text{-}11)$$

式中 $\theta_{F\cdot m}$——地板表面平均温度，℃；

θ_i——综合考虑室内空气温度和平均辐射温度的室内作用温度，℃。

（2）考虑到室内设计参数水平以及人体舒适性等，每个地面供暖系统有一个最大允许供热量 q_G，对应于当室内温度 θ_i=20℃、地板表面温度 $\theta_{F\cdot max}$=29℃、供回水温降 Δ=0℃；人员罕至的边缘区域 $\theta_{F\cdot max}$=35℃，供回水温度降 Δ=0℃。

（3）不管系统形式如何，都同样以供暖地面区域的中心为参考点温度 $\theta_{F\cdot max}$ 进行计算。

（4）决定供热量的平均地板表面温度 $\theta_{F\cdot m}$，与最高地面温度之间关系 $\theta_{F\cdot m}<\theta_{F\cdot max}$ 永远适用。$\theta_{F\cdot m}$ 可达到的值，不仅取决于地面供暖系统，还依附于运行条件（供回水温度降 $\Delta=\theta_v-\theta_R$，向下热流 q_u 和地面覆盖层的热阻 $R_{\lambda\cdot B}$）。

2. 供热量计算的基本假定

（1）地板表面至室内活动区的传热状况，与式（5-11）一致。

（2）如果地面没有覆盖（$R_{\lambda\cdot B}=0$），向下散热量 q_u（穿过地板）假定等于向上散热量的10%。

（3）供回水之间温度降 $\Delta=0$；热媒温度和室内温度之差采用对数平均温度差 $\Delta\theta_H$ 计算：

$$\Delta\theta_H=\frac{\theta_V-\theta_R}{\ln\dfrac{\theta_V-\theta_i}{\theta_R-\theta_i}} \tag{5-12}$$

式中 θ_V——供水温度，℃；

θ_R——回水温度，℃；

θ_i——室内温度，℃。

（4）流动形态为紊流；没有横向热流。

（5）地表面的最高温度（$\theta_{F\cdot max}$）与最大供热量（$q_{G\cdot max}$）如表5-1所示。

地表面的最高温度与最大单位地面散热量 **表5-1**

特征	θ_i(℃)	$\theta_{F\cdot max}$(℃)	$q_{G\cdot max}$(W/m^2)
人员经常停留区域	20	29	100
浴室等	24	33	100
周边区	20	35	175

3. 供热量的计算

地板表面的供热量 q，取决于下列参数：（1）加热管的间距 T；（2）加热管顶以上填充层的厚度 s_u 及其导热系数 λ_E；（3）地面覆盖层的热阻 $R_{\lambda\cdot B}$；（4）加热管的外径 $D=d_a$，如果需要，则包括导热翅片（$D=d_M$）与管道的导热系数 λ_R 和/或翅片的导热系数 λ_M；（5）导热装置（翅片）以 K_{WL} 值表示；（6）加热管和导热装置或填充层之间的接触，以系数 α_k 表示。

地面供热量与 $(\Delta\theta_H)^n$ 成正比。实验和理论研究得出：指数 n 值为：$1.0<n<1.05$；

在实用精度范围内，可取 $n=1.0$。因此，地面供热量 q(W/m^2) 可按下式计算：

$$q = B \cdot \prod_i (\alpha_i^{m_i}) \cdot \Delta\theta_H \tag{5-13}$$

式中　B——随系统决定的系数，W/m²；

$\prod_i (\alpha_i^{m_i})$——各构造参数乘积关系。

对于本书涉及的填充式地面辐射系统，属于加热管埋置于填充层内的系统。对于这类系统，特性曲线可按下式计算：

$$q = B \cdot \alpha_B \cdot \alpha_T^{m_T} \cdot \alpha_u^{m_u} \cdot \alpha_D^{m_D} \cdot \Delta\theta_H \tag{5-14}$$

式中　B——常数；$B=B_0=6.7\text{W/(m}^2\cdot\text{K)}$；适用于管壁厚度 $s_R=0.002\text{m}$ 和管材的导热系数 $\lambda_R=0.35\text{W/(m}\cdot\text{K)}$ 的情况；不符合上述条件时，B 值应另行计算；

α_B——地面填充层的影响因数，$\alpha_B=f(\lambda_E, R_{\lambda\cdot B})$，按文献［1］表 6.6-10 确定；

α_T——管间距的影响因数，$\alpha_T=f(R_{\lambda\cdot B})$，按文献［1］表 6.6-11 确定；

α_u——覆盖层的影响因数，$\alpha_u=f(T, R_{\lambda\beta})$，按文献［1］表 6.6-12 确定；

α_D——管外径的影响因数，$\alpha_D=f(T, R_{\lambda\beta})$，按文献［1］表 6.6-13 确定；

m_T——管间距影响因素的指数：

$$m_T = 1 - T/0.075 \quad (\text{适用于：}0.050\text{m} \leqslant T \leqslant 0.375\text{m}) \tag{5-15}$$

m_u——覆盖层影响因素的指数：

$$m_u = 100(0.045 - s_u) \quad (\text{适用于：}s_u \geqslant 0.015\text{m}) \tag{5-16}$$

m_D——管径影响因素的指数

$$m_D = 250(D - 0.020) \quad (\text{适用于：}0.010\text{m} \leqslant D \leqslant 0.030\text{m}) \tag{5-17}$$

式（5-15）～式（5-17）中 T——加热管的间距，m；

D——加热管的外径或翅片管外径，m；

s_u——加热管上部构造层的厚度，m。

5.1.3　日本手册计算法①

针对图 5-3 所示的典型填充式地板结构，日本地板供暖工业协会编辑出版的《温水地板供暖系统设计施工手册》（2000 年第三次修订版）中，对地面散热量采用了下列计算方法和步骤：

1. 计算地面可能换热量

按围护结构热平衡，确定地面可能的供热量：

（1）先按下式计算除地面外的其他诸表面（墙、窗、门、平顶等）的内表面

① 本部分内容摘自《实用供热空调设计手册》（第二版）。

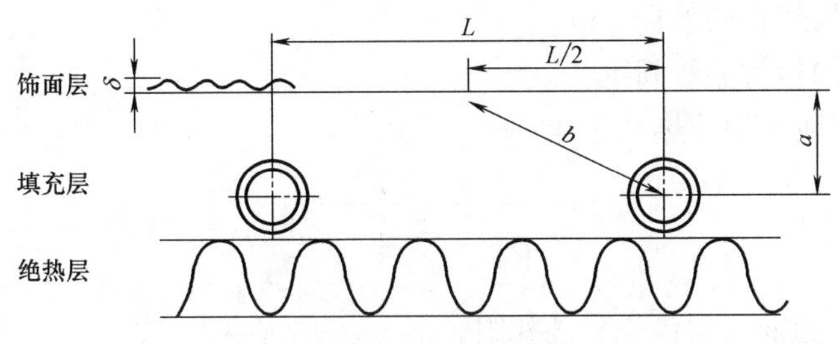

图 5-3　填充式地板结构示意图

注：参照日本地板供暖工业协会编《设计、施工手册》。

温度 t_{si}：

$$t_{si}=t_r-\frac{K}{\alpha_0}\times\Delta t \tag{5-18}$$

式中　t_r——室内计算温度，℃；

K——所计算围护结构的传热系数，W/(m²·K)；

α_0——围护结构内表面换热系数，垂直表面取 9.09W/(m²·K)，平顶取 11.1W/(m²·K)；

Δt——室内外计算温度差，℃。

（2）根据求出的各部分的表面温度 t_{si}(℃) 和对应围护结构的面积 A_i(m²)，按式（5-19）计算出非加热面的平均辐射温度（$UMRT$）：

$$UMRT=\sum_{i=1}^{n}t_{si}A_i/\sum_{i=1}^{n}A_i \tag{5-19}$$

（3）计算来自地面的对流散热量 q_c(W/m²)：

$$q_c=2.17(t_f-t_r)^{1.31} \tag{5-20}$$

式中　t_f——地板表面温度，℃；

t_r——室内计算温度，℃

（4）计算地面的辐射散热量 q_r(W/m²)：

$$q_r=5\times10^{-8}\times[(t_f+273)^4-(UMRT+273)^4] \tag{5-21}$$

（5）确定地面可能的供热量 q：

$$q=q_c+q_r \tag{5-22}$$

2. 计算地板实际散热量

根据盘管及填充结构计算地板散热量。

（1）计算混凝土填充层的等效厚度 a 和 b：

$$a=h+d_o/2 \tag{5-23}$$

$$b=\sqrt{a^2+(L/2)^2} \tag{5-24}$$

式中　h——加热管上部混凝土填充层的厚度，m；

d_o——加热管的外径，m；

L——加热管的管间距，m

（2）计算地面的传热系数 k_u

$$k_u = \frac{1}{R_u + \sum_{i=1}^{n} R_i + \frac{a+b}{2\lambda}} \tag{5-25}$$

式中 R_u——地面（室内侧）的热阻，$R_u=0.15m^2 \cdot K/W$；

R_i——混凝土填充层以上各层材料热阻的总和，$m^2 \cdot K/W$；

λ——混凝土填充层的导热系数，W/(m·K)。

（3）计算该构造条件下单位地面的散热量：

$$q_u = k_u \left(\frac{t_1 + t_2}{2} - t_r \right) \tag{5-26}$$

式中 t_1——供水温度，℃；

t_2——回水温度，℃；

t_r——室内温度，℃。

3. 确定地板的向下热损失 q_d

（1）计算地面的向下传热系数 k_d

$$k_d = \frac{1}{\frac{\delta_p}{\lambda_p} + \frac{\delta_i}{\lambda_i} + \frac{1}{\lambda}} \tag{5-27}$$

式中 δ_p——加热管的壁厚，m；

λ_p——加热管的导热系数，W/(m·K)；

δ_i——绝热层的厚度，m；

λ_i——绝热材料的导热系数，W/(m·K)；

λ——土壤的导热系数，$\lambda=1.51$W/(m·K)（当地板下部为房间时，取 $1/\lambda=0.09$m·K/W）。

（2）计算向下热损失：

$$q_d = k_d \left(\frac{t_1 + t_2}{2} - t \right) \tag{5-28}$$

式中 t——土壤温度，一般可取 3℃；如地板下部与空气相邻，则应以空气温度取代土壤温度。

4. 确定单位地面所需的总供热量 Q

$$Q = q_u + q_d \tag{5-29}$$

5.1.4 我国技术规程采用的计算法

我国行业标准《辐射供暖供冷技术规程》JGJ 142—2012 采用的计算方法以

表算法为主，给出了管间距从100mm到500mm，不同地板面层、聚苯乙烯塑料板绝热层和发泡水泥绝热层、不同盘管材料情况下地板向上和向下的散热量。计算表格详见附录B。

5.2　地板热工设计 ε-NTU 方法

辐射地板热工设计计算需要进行的主要工作包括地板表面温度确定、散热量计算和结构层布置。从整个地板辐射传热系统角度来看，辐射地板是传热的末端装置，是一种换热器。根据已知参数和计算目的不同，换热器的热工计算可以分为设计计算和校核计算。通常辐射地板的热工设计计算主要是根据房间负荷（即地板散热量）和供水温度，合理布置地板结构；辐射地板的热工校核计算则是根据已有地板结构，校核满足房间负荷要求的供水温度，或根据已有的供水温度和地板结构，校核地板表面温度以及地板散热量（见表5-2）。

地板热工计算类型　　表5-2

计算类型	已知内容	计算任务
设计计算	已知:散热量;供水温度 t_g	求地板结构层布置:管间距 L;埋层厚度 δ
校核计算	已知地板结构层布置:管间距 L;埋层厚度 δ	求解:所需供水温度 t_g;散热量

常用的换热器设计计算方法主要有平均温差法和效能—传热单元数方法，因其方便迭代、次数少等优点，效能—传热单元数法较多地应用于各种换热器的设计和校核计算。基于第4.4.3节地板传热的解析解，获得了从流体温度到室内温度的热阻表达式，在地板传热热阻可以确定的条件下，采用效能—传热单元数法进行地板热工计算成为可能。

5.2.1　地板传热的效能值与传热单元数

地板的整个传热过程发生在盘管内流体与室内环境（包括室内空气和围护结构内表面）之间。在考虑稳态传热情况下，地板传递到室内环境的热量，通过建筑的围护结构传递到室外。在此过程中，室内环境温度基本维持稳定，因此可认为房间内环境的比热容趋向无穷大，比较而言，盘管侧水温则发生明显变化，其比热容相对而言较小。故此，本书将供暖地板看成一种换热器，其换热一侧为比热容较小的水，另一侧则为比热容无穷大的室内环境。

根据效能值 ε 定义：换热器中实际传热量与最大可能传热量之比。地板传热实际传热量为盘管内流体的放热量，可用 $Q_{实际}=G_wC_w(t_g-t_h)$ 表示，而理论上最大可能传热量应该是 $Q_{max}=G_wC_w(t_g-t_r)$，所以地板传热效能为：

$$\varepsilon=\frac{t_g-t_h}{t_g-t_r} \tag{5-30}$$

式中 t_g——供水温度，℃；

t_h——回水温度，℃。

考虑管壁热阻在内的地板结构总热阻 R_{ft} 可以写为下式：

$$R_{ft}=R_f+R_p=\frac{L}{2\pi\lambda_3}\left[\ln\left(\frac{L}{\pi D_o}\right)+\frac{2\pi H'_1}{L}+\sum_{i=1}^{\infty}\frac{G(i)}{i}\right]+\frac{L}{2\pi\lambda_p}\ln\frac{D_o}{D_i} \tag{5-31}$$

$$R_t=R_{ft}+R_{ht} \tag{5-32}$$

其中，R_f 主要取决于地板本身结构，即其管间距 L 与埋层厚度热阻 R_c，根据第 4.3 节相关公式，即可以计算不同管间距 L 和不同埋层热阻 R_c 的地板结构热阻情况。利用热阻和传热系数之间互为倒数的关系，根据前面得到的地板总热阻，可获得地板传热过程的总传热系数 $K_t=1/R_t=1/(R_{ft}+R_{ht})$。结合换热器传热单元数定义，地板的传热单元数可以表示为：

$$NTU=\frac{F\cdot K_t}{G_wC_w} \tag{5-33}$$

式中 G_w——地板盘管水流量，kg/s；

C_w——水的比热容，kJ/(kg·℃)；

F——地板表面积，m²。

当地板在稳态传热维持室内温度稳定时，认为室内环境比热容较大，根据传热学中的相关理论，得到传热效能值和传热单元数之间的关系为：

$$\varepsilon=1-e^{-NTU} \tag{5-34}$$

根据上述两式，可建立地板结构层构造和供水参数之间相互匹配的关系，提供一种简单明了的设计方法和校核方法。

5.2.2 地板热工设计的 ε-NTU 法

地板表面的平均温度取决于地板结构热阻、系统供水参数以及其表面换热状况。系统供水参数以及地板表面换热状况对于地板热工性能来讲属于外部影响因素，从而地板结构层的内部热工设计问题转化为如何匹配地板结构参数从而获得满足要求的地板表面平均温度。而在地板辐射房间中，地板表面温度决定了地板的供冷供暖能力并影响着房间的热舒适情况。根据前述可知，地板表面平均温度可由式（4-75）求得。为了方便分析地板表面温度和热媒温度及室内环境温度的关系，现定义地板散热效率为：

$$\varphi=\frac{t_s-t_r}{t_{wm}-t_r}=\frac{R_{ht}}{R_{ft}+R_{ht}} \tag{5-35}$$

在供水参数、需要承担室内负荷确定的情况下，采用 ε-NTU 法进行地板热性能设计流程图如图 5-4 所示。

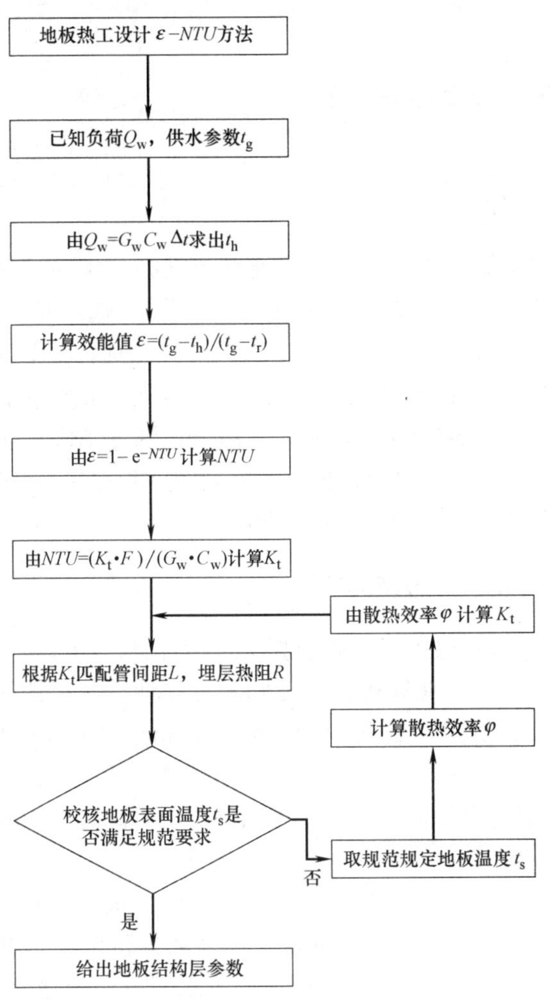

图 5-4　地板热工设计 ε-NTU 方法流程图

在地板热工设计过程中，如已知供水温度和房间负荷，同时根据盘管内流体速度不宜小于 0.25m/s 条件下对应的流量，可计算出回水温度，进而计算出地板传热效能值 ε，根据效能值和传热单元数的关系可计算 NTU，从而获得和供水参数相匹配的地板结构热阻。根据前述研究获得的式（5-31），可以进行管间距和埋层热阻的选择，校核地板表面温度，如果满足相关规范或工程要求则输出地板结构层管间距、埋层厚度等各项参数；如果地板表面温度超出相关规范或工程要求，则说明此时房间的热负荷单纯依靠地板供暖无法有效保障，需要改善建筑围护结构保温或辅助其他采暖形式，此时地板供暖系统仅能承担该房间的部分热负荷，此种情况下，应该以相关规范规定的地板温度作为设计已知条件，根据式（5-35）计算散热效率 φ 及地板热阻，进而计算调整地板热阻，重新进行地板结构参数设计。

5.3 地板热工设计案例分析

5.3.1 案例房间简介

案例房间见本书第 6 章图 6-12，以北京市某办公房间 C 为例，进行地板热工设计案例分析，比较不同设计方法之间的区别。所选房间长×宽×高为 3.3m×3.2m×2.8m，房间南向有 1.5m×1.5m 外窗，地面面积约为 $10m^2$。房间外围护结构均为内衬 150mm 聚苯板的彩钢板，外窗为双层塑钢窗，下层相邻供暖房间。该房间冬季设计温度 18℃，夏季室内设计温度 28℃，利用 DeST 软件计算房间热负荷 $Q_w=400W$，夏季地板可承担显冷负荷 $Q_c=350W$，考虑附加地板背向热损失 5%，进行该房间供暖地板结构设计。

5.3.2 ASHRAE 手册计算方法的应用

ASHRAE 手册可通过图算法和表算法进行计算。图 5-1 为地面式平板辐射供暖供冷设计曲线图[2]。在地板结构已知时首先计算其特性热阻，可计算所需的流体温度，本处仍然采用管间距 300mm，50mm 填充层厚度，瓷砖饰面层，则计算得到该结构特性热阻 r_u。地面供暖工况时由图 5-1 右侧坐标上选取热流 $38W/m^2$，向右交特性热阻线于一点，然后向下交管间距 300mm，而后查到供水平均温度约为 29℃。

ASHRAE 手册还提供了一定埋层构造条件的地板供暖条件下的散热量计算用表，根据房间负荷密度进行选择匹配。该表数据位依据 Kilkis 的准一维肋片模型计算而来。附录 A 表 A-1 是当饰面层为水泥或瓷砖地面时地板的散热量。根据实验房间 C 的情况，由于房间热负荷较小，可见即使采用 300mm 管间距时，供水温度 35℃可以使得房间温度高达 22℃以上。

5.3.3 地板热工设计 *ε-NTU* 法的应用

该房间冬季室内设计温度 18℃，计算热负荷 $Q_w=400W$。根据相关技术标准，因处于建筑热工分区中的寒冷地区，该房间的热负荷系数取 0.9 折减，但同时考虑背向热损失 5%附加，则热水需提供负荷为 378W。因热源主要采用空气源热泵及电锅炉，系统供水温度为 30℃，盘管管径为 *DN*20（壁厚 2mm），管内保证最低流速的情况下取 $v=0.25m/s$，根据 $Q=G_wC_w(t_g-t_h)$ 计算得到供回水

温差 $\Delta t=1.8$℃；根据式（5-32）计算得到 $\varepsilon=0.15$；根据式（5-34）计算 $NTU=0.16$；房间地板如果满布盘管，则 $F=10.0\mathrm{m}^2$；根据式（5-33）计算传热总热 $R_t=0.29\mathrm{m}^2\cdot$℃/W，地板结构总热阻 $R_{ft}=0.20\mathrm{m}^2\cdot$℃/W；填充层厚度选为50mm碎石混凝土［导热系数1.51W/(m·℃)］，饰面层为普通瓷砖，则根据式（5-30）可计算管间距取值范围在350～360mm之间。实际设计时，因为考虑到辐射地板需要承担一部分夏季显热负荷，故管间距取为300mm，计算管间距为300mm时的地板结构总热阻 $R_{ft}=0.16\mathrm{m}^2\cdot$℃/W，传热总热阻 $R_t=0.25\mathrm{m}^2\cdot$℃/W，根据房间热负荷反算此时需要供水温度约为27.8℃。

5.3.4 实验验证

笔者对该房间进行了实际测试，测试期间，室外空气温度变化范围为−5.1～9.5℃，随着室外空气温度随时间呈周期性变化，供回水平均温度 t_{wm} 基本稳定在28.0℃，地板平均温度 t_s 与室内空气温度 t_a 分别约为22.0和18.0℃，详细内容可参见文献［6］。

对比以上热工设计方法，在可以准确确定地板结构层热阻的条件下，地板热工设计的 ε-NTU 方法可根据供水温度设计地板结构，也可根据地板结构计算所需的供水温度，可方便地进行地板联供系统的地板热工设计和性能分析，为工程设计提供了一个新的思路。

本章参考文献

［1］ 陆耀庆主编. 实用供热空调设计手册［M］. 第二版. 北京：中国建筑工业出版社，2008.

［2］ ASHRAE handbook-2016 HVAC Systems and equipment. Panel heating and cooling［M］. Atlanta：ASHRAE Inc，2016.

［3］ BS EN1264-2：2008. Water based surface embedded heating and cooling systems［S］.

［4］ 日本《地板采暖设计施工手册》编委会著. 地板采暖设计施工手册. 鲁翠译. 北京：中国电力出版社，2010.

［5］ JGJ 142—2012. 辐射供暖供冷技术规程［S］. 北京：中国建筑工业出版社，2012.

［6］ Qingqing Li，Chao Chen，Jie Lin，Ye Zhang，Zhuo Li，Pin Wu. A study on heating characteristics of the combined radiant floor heating & cooling system with uneven tubing//Proceedings-6th International Symposium on Heating，Ventilating and Air Conditioning［C］，ISHVAC，2009.

第 6 章　辐射地板热工性能评价及工程实例

6.1　辐射地板热工性能指标

地面辐射供暖供冷系统中，地板作为系统末端，稳定工况下其传热热阻和换热量是其热工性能的两个主要指标参数；作为围护结构，地板表面又对室内环境舒适性有着直接影响，尤其是地表表面的温度分布情况。因此，为综合衡量辐射地板的热工性能，本书提出以下指标参数。

6.1.1　地板传热热阻

地板结构层的传热热阻是衡量作为传热构件的地板的传热性能的主要评价指标，它影响着地板换热量和地板表面温度，其中前者决定了地板所能提供给房间的冷量或热量，后者则影响着房间的总体热舒适性。

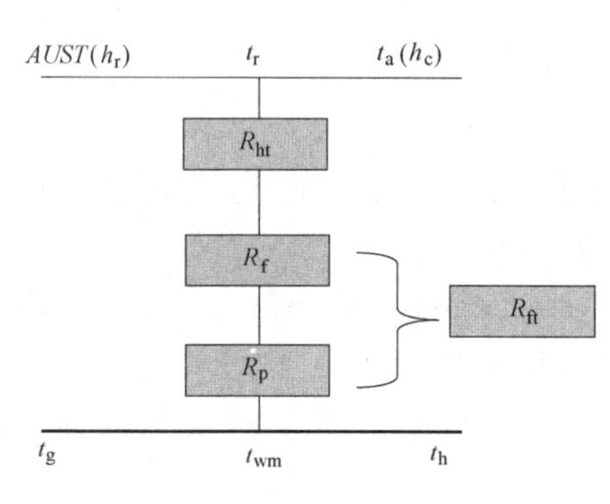

图 6-1　地板传热过程总热阻示意图

从盘管内流体到室内环境之间的整体传热过程如前所述，为了管内排气的需要，通常规定管内流速大于 0.25m/s[1]，此时管内流动状态基本为紊流，其管内强迫对流换热系数为 10^3 量级，相比地板表面换热系数而言，其大概比例在 1.5%～2%，在此忽略这部分热阻，则地板传热过程各部分热阻示意如图 6-1 所示。

从流体到室内环境传热方向来看，主要包括管壁热阻 R_p、地板结构层热阻 R_f 和地板表面换热热阻 R_{ht}（$R_{ht}=1/h_t$）。考虑常规地板结构条件下（盘管外径 $DN20$，管间距 $L=200$mm，填充层厚度 50mm，瓷砖饰面层 10mm），供冷工况和供热工况时各热阻比例关系如图 6-2 所示。

由式（4-72）和式（4-73），考虑管壁热阻在内的地板结构总热阻 R_{ft} 可以写为下式：

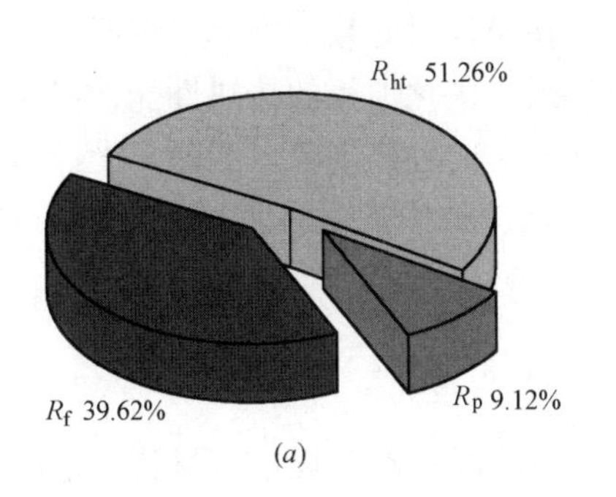

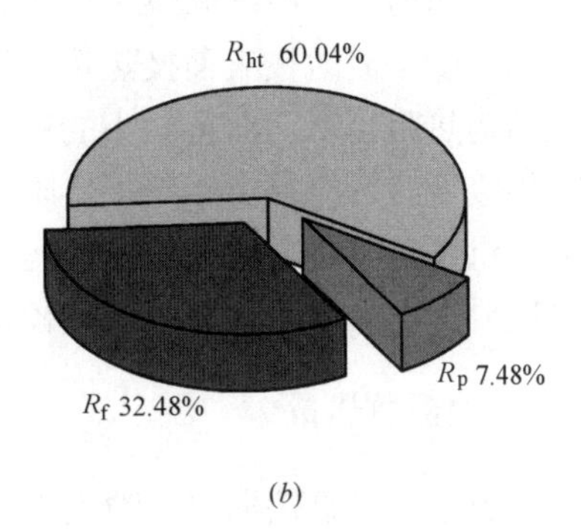

图 6-2　地板传热热阻比例构成图

(a) 供热工况；(b) 供冷工况

$$R_{ft}=R_f+R_p=\frac{L}{2\pi\lambda_3}\left[\ln\left(\frac{L}{\pi D_o}\right)+\frac{2\pi H'_1}{L}+\sum_{i=1}^{\infty}\frac{G(i)}{i}\right]+\frac{L}{2\pi\lambda_p}\ln\frac{D_o}{D_i} \quad (6\text{-}1)$$

其中 R_f 主要取决于地板本身结构，即其管间距 L 与埋层厚度热阻 R_c，其中埋层热阻定义如下：

$$R_{ft}=\frac{H'_1+H'_2}{\lambda_3} \quad (6\text{-}2)$$

式（6-2）中各符号意义见图 4-14。根据上述两个公式即可以计算不同管间距 L 和不同埋层热阻 R_c 的地板结构热阻情况。图 6-3 为盘管采用 DN20mm 时不同管间距以及埋层热阻下对应的地板结构总热阻情况。

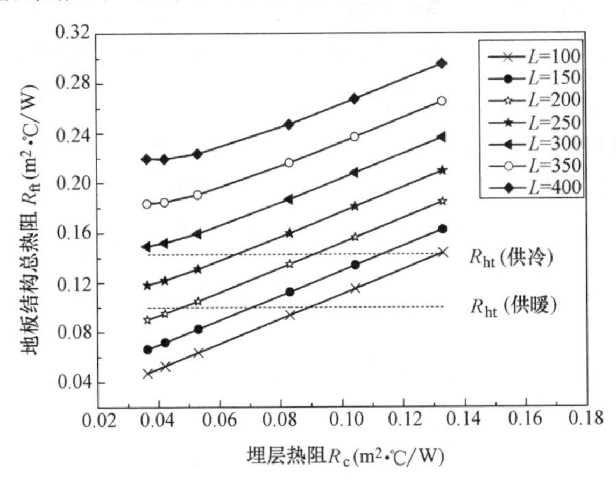

图 6-3　地板层结构热阻

在地板热工性能优化设计中，必须优先注意解决制约该换热器传热过程中热阻较大部分的换热情况。图 6-3 中虚线分别代表了供冷和供暖时大概的地板表面综合换热热阻 R_{ht}。

地面辐射系统冷暖联供条件下，地板供冷时，由于地板冷面朝上限制了自然对流的强度，故地板表面换热热阻较大，因此在设计时必须考虑具体情况，优化地板结构热阻，从而获得较小的地板传热总热阻，优化地板的传热性能；但对于冬季供暖而言，存在由于地板热阻过小而造成的室内过热现象。因此，设计地面辐射联供系统时，需要根据主要运行工况（如寒冷地区的供暖工况）仔细设计，并对次要工况（供冷工况）进行校核。

6.1.2 地板散热量

地板散热量直接取决于地板表面和室内环境状况。在常规地板材料及常用温度范围内，地板单位面积散热量和总散热量可按下式求得：

$$q=\frac{|t_{\mathrm{wm}}-t_{\mathrm{r}}|}{R_{\mathrm{ht}}+R_{\mathrm{ft}}} \tag{6-3}$$

6.1.3 地板散热效率

根据式（5-35）定义的地板散热效率，传热稳定情况下，也可以表示为热阻之间的比值：

$$\varphi=\frac{R_{\mathrm{ht}}}{R_{\mathrm{ft}}+R_{\mathrm{ht}}} \tag{6-4}$$

地板供冷工况下，地板表面总传热系数 h_{t}变化范围不大，通常在 7W/(m·K) 左右，地板填充层材料通常为碎石卵石混凝土，计算该情况下管间距和盘管埋层厚度对地板散热效率 φ 的影响情况如图 6-4 所示，该图表明了在相同散热效率下埋深和厚度的对应关系。地面辐射供冷时，地板表面温度通常变化不大，由此根据房间温度和供水温度，计算地板表面的散热效率，由图 6-4 即可大体判断管间距与埋深厚度的对应关系。以地板表面温度维持 22℃，房间温度 26℃，供回水平均温度 18℃考虑，则 $\varphi=0.5$，该曲线如图所示。该曲线上对应匹配不同的埋层厚度和管间距，即管间距大时，采用较薄埋层厚度，或者采用较小管间距匹配较厚埋层厚度，都可以获得同一散热效率，也就是同样的地板表面平均温度。

从地板散热效率公式可见，它还可以表示为各个无因次量的关系。以管间距 L 作为基准，定义以下无因次变量：

$$\overline{R}_{\mathrm{DL}}=\frac{D_{\mathrm{o}}}{L} \tag{6-5}$$

$$\overline{R_{\mathrm{HL}}}=\frac{H'_1+H'_2}{L}=\frac{(H'_1+H'_2)/\lambda_1}{L/\lambda_1} \tag{6-6}$$

$\overline{R}_{\mathrm{HL}}$可看作结构层厚度方向 Y 方向和管间距方向 X 方向的导热热阻之比，由此式（4-64）和式（4-66）可以化成：

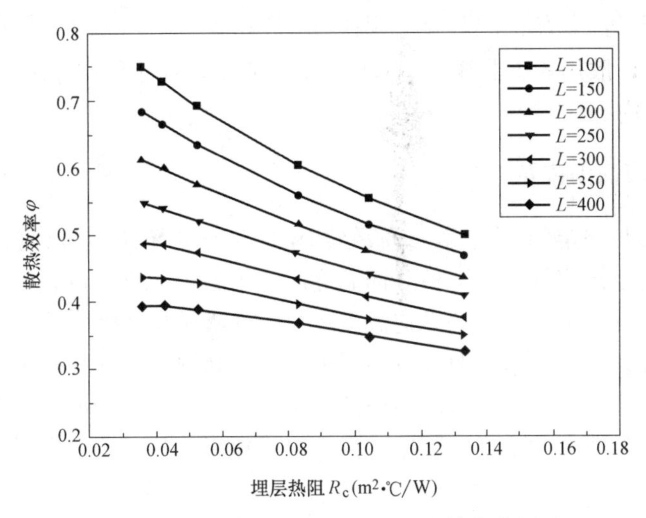

图6-4　埋层热阻和管间距对散热效率的影响

$$\Gamma = 1/\left[\ln \frac{1}{\pi \overline{R_{DL}}} + 2\pi\left(\frac{1}{Bi_1} + \overline{R_{HL}} - \frac{\overline{R_{DL}}}{2}\right) + \sum_{i=1}^{\infty} \frac{1}{i} G(i)\right] \tag{6-7}$$

$$G(i) = \frac{\frac{Bi + 2\pi i}{Bi - 2\pi i} e^{-2\pi i \cdot \overline{R_{DL}}} - e^{-4\pi i \cdot \overline{R_{HL}}}}{e^{-4\pi i \cdot \overline{R_{HL}}} + \frac{Bi + 2\pi i}{Bi - 2\pi i}} \tag{6-8}$$

因此，影响散热效率的因素可以归结为下式：

$$\varphi = f(Bi, \overline{R_{DL}}, \overline{R_{HL}}) \tag{6-9}$$

计算参数$\overline{R_{DL}}$，$\overline{R_{HL}}$，Bi对散热效率φ的影响如图6-5所示。由图可见，随着$\overline{R_{HL}}$和Bi的增长，平均温度效率下降。地板供冷工况下Bi变化范围通常在0.8～1.0，而供暖情况下其变化范围为1.2～2.0。采用不同面层材料时（木板、

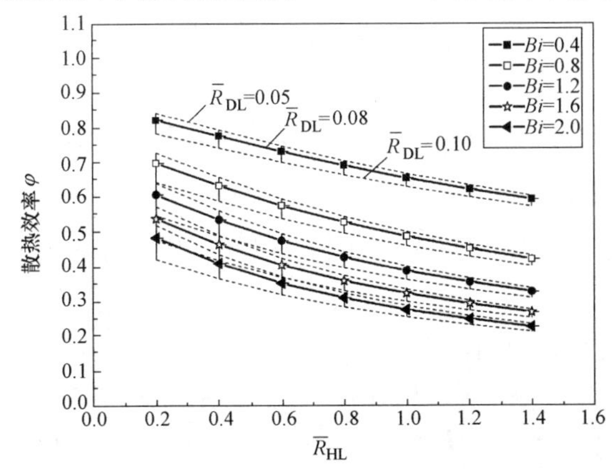

图6-5　散热效率随地板结构和表面换热状况的变化情况

瓷砖、大理石等），$\overline{R}_{HL}$ 的变化范围相应在 0.3～1.0 之间。当$\overline{R}_{DL}$ 分别取值 0.05～0.1 时，散热效率曲线如图 6-5 中虚线所示，通常情况下取值$\overline{R_{DL}}=0.08$，误差在 8%之内。

6.1.4 地板表面温度及分布

在供水参数一定的工况下，地板结构层的设计热阻决定了地板的表面温度，而在地面辐射空调房间中，地板表面温度决定了地板的供冷供暖能力并影响着房间的热舒适情况。地板表面的平均温度取决于地板结构热阻、系统供水参数及其表面换热状况。系统供水参数以及地板表面换热状况对于地板热工性能来讲属于外部影响因素，因此地板结构层的内部热工设计问题转化为如何匹配地板结构参数从而获得满足要求的地板表面平均温度。从地板传热结构上来看，地板表面平均温度为：

$$\overline{t_s}=t_r+\varphi\cdot(t_{wm}-t_r) \tag{6-10}$$

地板结构热阻和地板表面平均温度两个指标反映了地板总体热工性能。而地板表面温度分布情况对于地板系统的设计和运行同样重要，这是因为：首先，地板表面温度分布是否均匀影响着室内环境热舒适；其次，当地板表面平均温度相同时，地板面最高和最低温度的差异体现了地板温度分布的均匀与否，而在地板供冷时地板表面最低温度则同时影响着系统的安全的防凝露运行。实际工程应用中，在满足地板表面平均温度要求的条件下，希望采用较大管间距和较薄埋层厚度以降低系统初投资。但随管间距增大，地板表面温度分布不均匀性增加，故必须考虑地板表面温差的影响。

1. 地面温度不均匀性

不同结构参数下的地板表面温差。同样为了方便分析，现定义地面温度均匀系数 η 为：

$$\eta=\frac{t\left(\frac{L}{2},H_1\right)-t_r}{t(0,H_1)-t_r} \tag{6-11}$$

根据第 4.3.3 节式（4-120），地面温度均匀系数 η 可表示为：

$$\eta=\frac{\Gamma\cdot\phi_A\cdot\phi_B\cdot H_1-\Gamma\cdot\phi_A+\sum\{\chi_n\cdot\Gamma\cdot e^{\beta_n H_1}+\phi_n\cdot\chi_n\cdot\Gamma\cdot e^{-\beta_n H_1}\}\cos\left(\frac{n\pi}{2}\right)}{\Gamma\cdot\phi_A\cdot\phi_B\cdot H_1-\Gamma\cdot\phi_A+\sum\{\chi_n\cdot\Gamma\cdot e^{\beta_n H_1}+\phi_n\cdot\chi_n\cdot\Gamma\cdot e^{-\beta_n H_1}\}} \tag{6-12}$$

将上式适当变形，得到：

$$\eta=1-\frac{\sum\{\chi_n\cdot\Gamma\cdot e^{\beta_n H_1}+\phi_n\cdot\chi_n\cdot\Gamma\cdot e^{-\beta_n H_1}\}[1-(-1)^{\frac{n}{2}}]}{\Gamma\cdot\phi_A\cdot\phi_B\cdot H_1-\Gamma\cdot\phi_A+\sum\{\chi_n\cdot\Gamma\cdot e^{\beta_n H_1}+\phi_n\cdot\chi_n\cdot\Gamma\cdot e^{-\beta_n H_1}\}} \tag{6-13}$$

定义级数 E_n 如下：

$$E_n=\chi_n \cdot \Gamma(e^{\beta_n H_1}+\phi_n e^{-\beta_n H_1}) \tag{6-14}$$

理论上来讲，级数系列 E_n 包含无穷多项，不利于直接计算。为了在尽可能少的项数下保证计算精度，计算不同条件下（表 6-1）的系数值，计算结果如图 6-6 所示。

计算 E_n 的条件 **表 6-1**

Cases	$\overline{R}_{HL}$	Bi_2	Bi_1
Case 1a	0.3	0.8	0.8
Case 1b	0.3	0.8	6.0
Case 1c	0.3	2.0	2.0
Case 1d	0.3	2.0	6.0
Case 2a	0.6	0.8	0.8
Case 2b	0.6	0.8	6.0
Case 2c	0.6	2.0	2.0
Case 2d	0.6	2.0	6.0

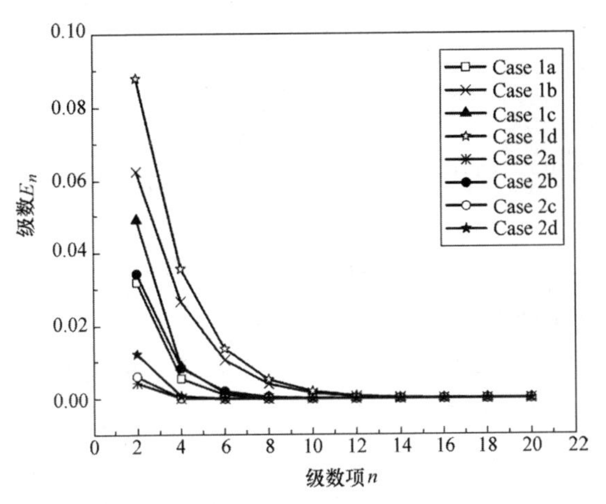

图 6-6 级数 E_n 随级数项 n 的变化情况

可见随着项数 n 的增加，E_n 迅速收敛。因此，对于实际工程应用而言，当 n 取较少的项数时就可以满足计算精度要求。本书中推荐 n 可以取前三项即可，即 $n=2,4,6$ 可满足工程计算要求。

因此地面温度不均匀系数 η 中的 E_n 可表示为：

$$\sum E_n[1-(-1)^{\frac{n}{2}}]=2\Gamma|\chi_2 \cdot e^{\beta_2 H_2}+\varphi_2 \cdot \chi_2 \cdot e^{-\beta_2 H_2}+\chi_6 \cdot e^{\beta_6 H_2}+\varphi_6 \cdot \chi_6 \cdot e^{\beta_6 H_2}| \tag{6-15}$$

当 $\overline{R}_{HL}>0.4$ 时，可进一步简化为：

$$\sum E_n[1-(-1)^{\frac{n}{2}}]=2\Gamma|\chi_2 \cdot e^{\beta_2 H_2}+\phi_2 \cdot \chi_2 \cdot e^{-\beta_2 H_2}| \tag{6-16}$$

将式（6-15）或式（6-16）带入式（6-11）则可根据不同地板结构层参数计算地面温度均匀系数 η。

取常用碎石混凝土填充层导热系数 1.51W/(m・℃)，厚度 50mm，计算不同管间距和饰面层材料时的地面温度均匀系数，如图 6-8 所示。由图可见，管间距较小时，如管间距 $L=100$mm 时，饰面层导热系数变化造成的地板表面温度分布的差异较小，地面温度均匀系数高达 0.9 以上，此时地板表面温度分布较均匀；当管间距加大时，如管间距 $L=300$mm 时，随饰面层导热系数降低，地板表面温度差异迅速增大。因此在地板上热工设计时，尤其当采用较大管间距时，应选择导热较好的饰面层材料，以保证一定的地面温度均匀性。

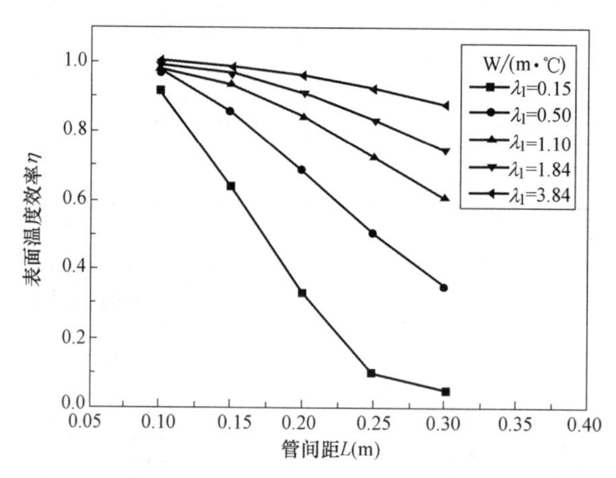

图 6-7 地面温度均匀系数的变化

2. 地板表面温度超标率

因为实际的地板表面温度并不均匀，因此尽管在地板平均温度满足要求的条件下，地板表面仍存在着温度超标区域，就是供冷时低于 19℃，供暖时候高于 28℃的地板区域，该区域占地板面面积的百分数，定义为地板表面温度超标率。利用式（4-120）可获得地板表面温度分布，计算当饰面层采用瓷砖，填充层厚度 50mm，管间距 200mm，供水温度 16℃时，地板表面温度分布曲线，如图 6-8 所示。由图可见，地板表面平均温度 19.5℃，低于 19℃的区域占图中所示总区域的 18%，因为计算

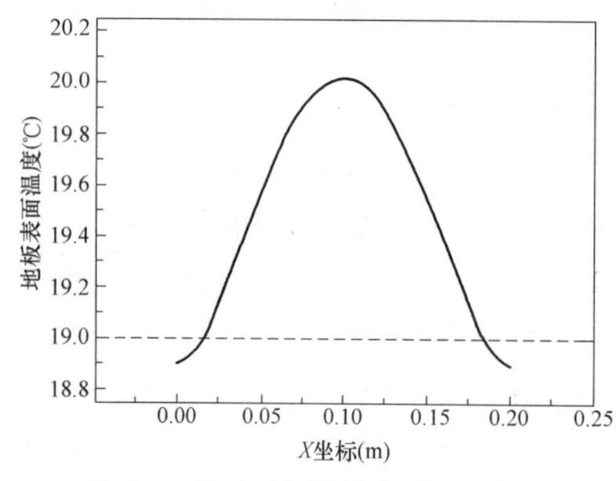

图 6-8 供冷工况地板表面温度分布

界面通常选择在地板盘管中央位置，由此推测在本计算工况下，地板表面温度超标率至少约为18%的一半，也就是9%左右。

同样计算饰面层采用瓷砖，填充层厚度50mm，管间距300mm，供水温度40℃时，地板表面温度分布曲线如图6-9所示。由图可见，地板表面平均温度27.5℃，高于28℃的区域占图中所示总区域的36%，由此推测在本计算工况下，地板表面温度超标率约为36%的一半，也就是18%左右。

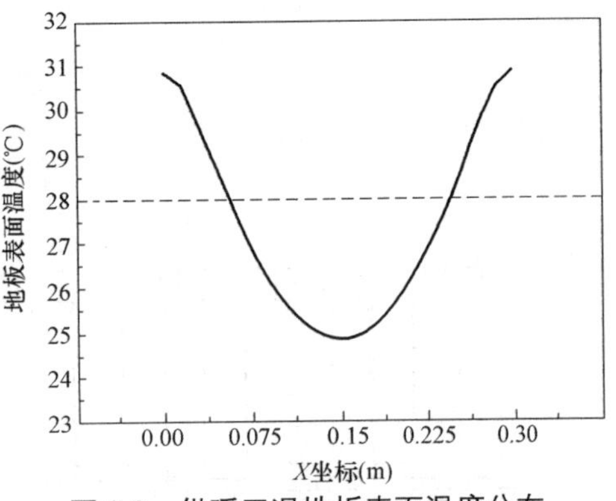

图6-9　供暖工况地板表面温度分布

图6-8和图6-9直观地分析了地板表面温度分布不均匀性。可见当平均温度满足舒适度要求时，由于地板表面温度分布的不均，地板表面存在着温度超标区域，对供暖而言存在局部过热区域，如果该区域刚好位于人员常居留区域，则该区域可能产生一定的热不适；而对于供冷而言，地板表面低温区域可能形成凝露区，造成地板湿运行，恶化环境卫生条件。增加埋层热阻、减小管间距可以使得地板温度分布更均匀，但增加系统初投资，故在系统设计阶段推荐依据本书第4.3.3节提出的地板表面温度分布计算式结合地板表面温度超标率综合考虑。

6.2　地面辐射供暖供冷系统案例

随着地面辐射供暖供冷技术的发展，其工程应用已经越来越多。如国家五棵松体育馆项目[2]、西安咸阳国际机场项目[3]、泰国机场项目[4]、武汉天河机场T3航站楼以及北京大兴机场等。本书介绍一个位于北京地区的办公建筑工程案例。该案例为位于北京市某办公楼的地面辐射冷热联供系统，该系统冬季供暖夏季供冷，建成数年来，运行情况良好。

6.2.1　基本情况简介

该地面辐射供暖供冷系统原理如图6-10所示，整个系统由以下部分组成：系统末端、冷热源以及流体输配管网系统，其中冷热源机房设在一层，冷源为风冷热泵机组，热源为多热源形式，可利用风冷热泵机组，也可采用电锅炉或外网热交换器；地面辐射系统末端则位于二层的办公房间内，房间内同时设有风机盘管末端，两者之间则通过输配管网进行联合工作。

本建筑二层共11个办公房间，其建筑平面示意如图6-11所示。房间外围护结构均为内衬150mm聚苯板的彩钢板，外窗为双层塑钢窗，下层相邻空调供暖房间。

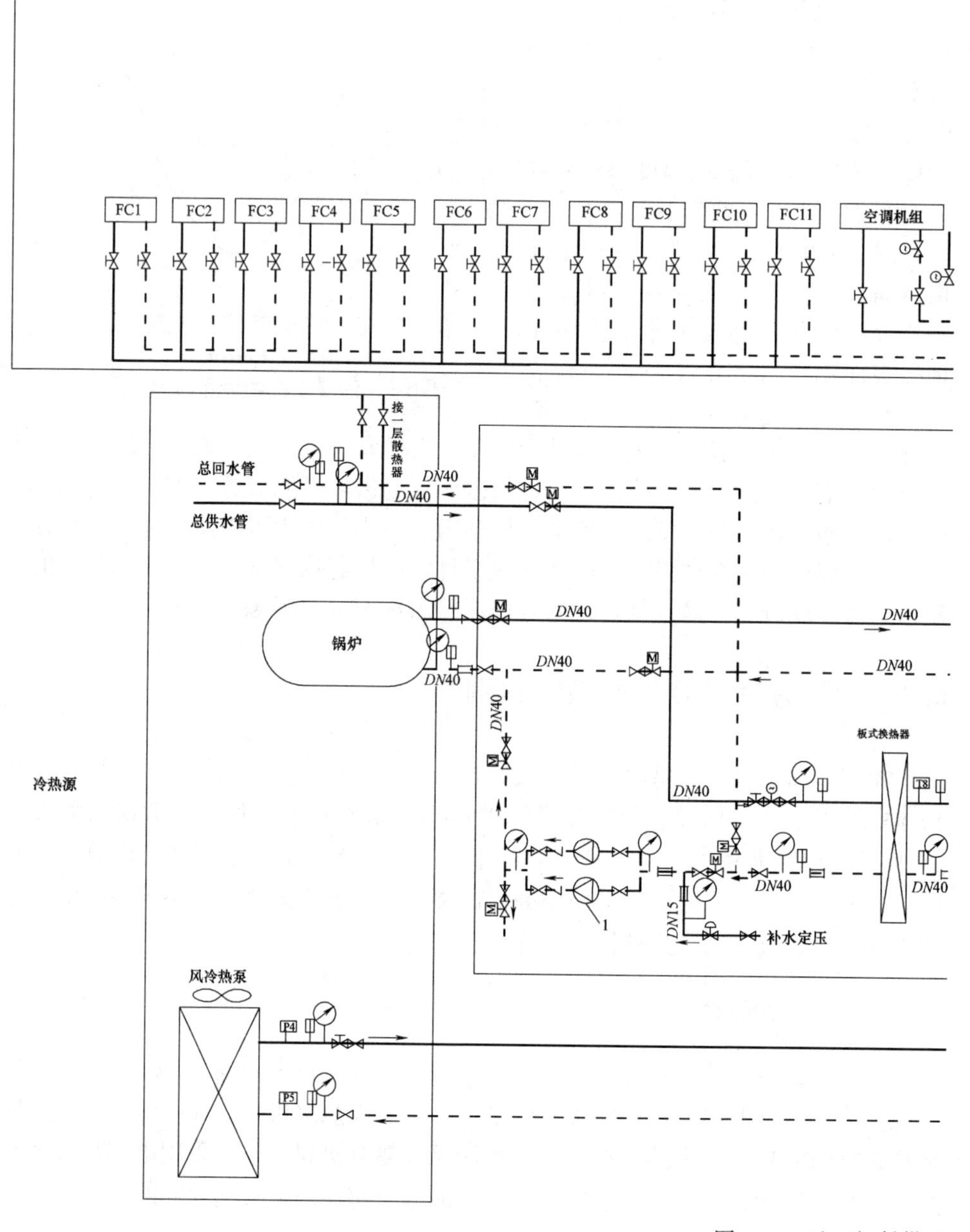
FC1
FC2
FC3
FC4
FC5
FC6
FC7
FC8
FC9
FC10
FC11
空调机组
接一层散热器
总回水管
总供水管
DN40
锅炉
板式换热器
冷热源
DN15
补水定压
风冷热泵
P4
P5
T8

图 6-10　地面辐射供暖

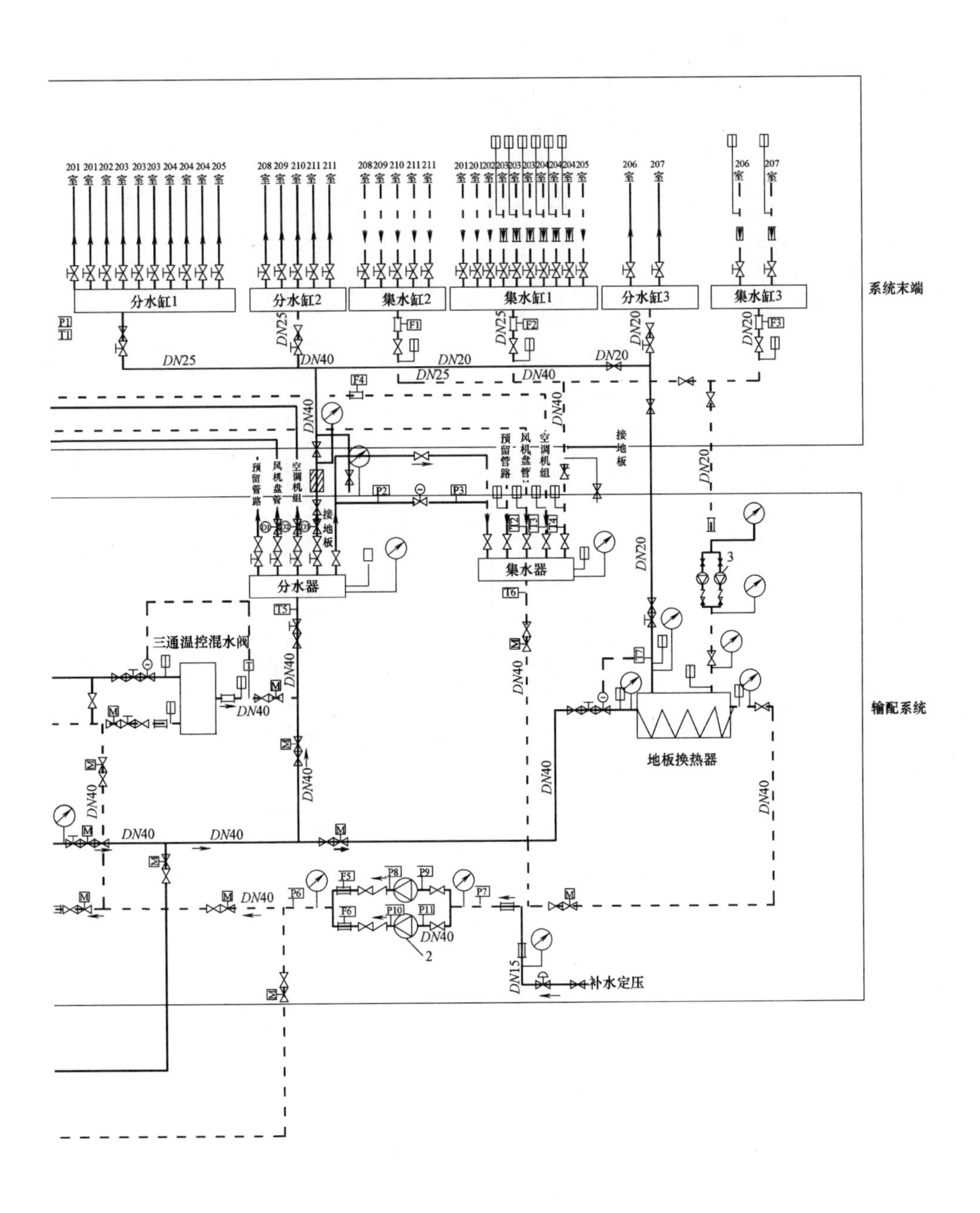
分水缸1
分水缸2
集水缸2
集水缸1
分水缸3
集水缸3
系统末端
预留管路
风机盘管
空调机组
接地板
分水器
集水器
三通温控混水阀
地板换热器
输配系统
补水定压
DN25
DN40
DN20
DN15

供冷系统示意图

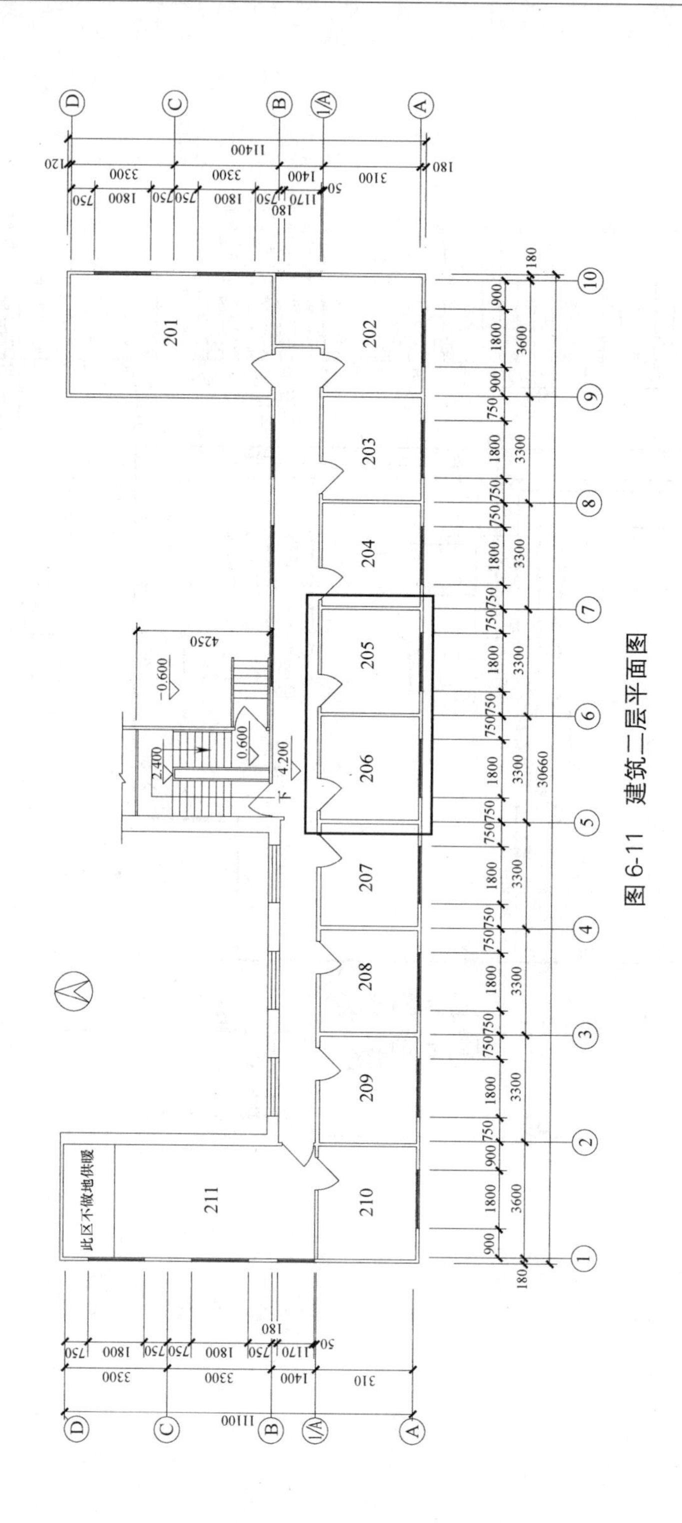

图 6-11　建筑二层平面图

6.2.2　房间及地板结构

本书重点以建筑构造完全相同的204～207房间为介绍对象，将上述房间从图6-11中截取并分别命名为房间A，B，C和D，其地板盘管形式如图6-12所示。

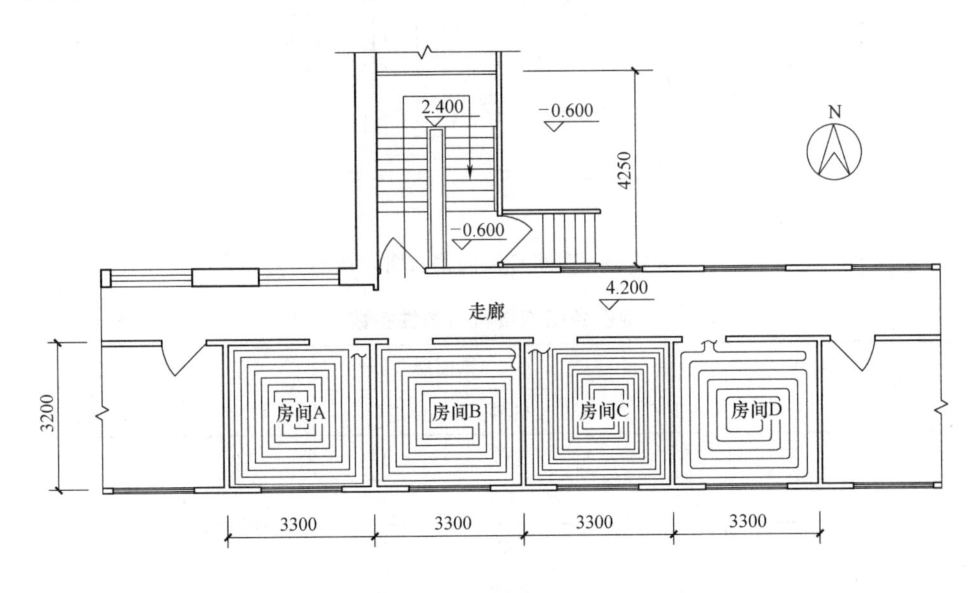

图6-12　四个房间平面图

所选房间建筑尺寸相同，长×宽×高为3.3m×3.2m×2.8m，房间南向有1.5m×1.5m外窗，各个房间地面面积约为10m^2。

房间A，D采用普通单回路回字形布置；房间B，C为双回路回字形布置，可实现单、双回路的独立或联合运行。房间B的双回路管间距分别为150mm和150mm，两回路之间管间距为150mm，回路1长度为35m，回路2长度为24m；实验房间C的双回路的管间距分别为100mm和150mm，两回路之间管间距为100mm，回路1长度为44m，回路2长度为33m，如图6-13所示。

辐射地板结构层的构造方法如下：首先，在经过找平处理的楼板层上铺设保温层，在其上覆盖一层带格铝箔纸。然后，铺设网眼为8cm×8cm的钢丝网；钢丝网上铺设换热盘管，管卡固定。为了保护盘管以及均化地板表面温度分布，在盘管上方铺设碎石混凝土层，继而在其上找平后敷设地板饰面层。

为了实验不同饰面层热阻对于地板传热性能的影响，房间B地板饰面层采用了复合木地板，其他三个房间则采用了瓷砖。

各个房间均采用25mm挤塑板绝热层，其他地板结构层参数如表6-2所示。

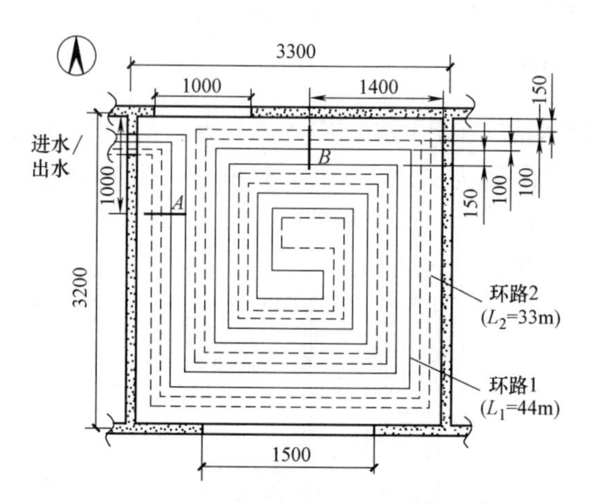

图 6-13　房间 C 双回路布管示意图

地板各结构层材料物性参数　　**表 6-2**

房间	管间距 L(mm)	饰面层		填充层	
		材料	厚度(mm)	材料	厚度(mm)
房间 A	150	瓷砖	10	碎石混凝土	50
房间 B	150	复合木地板	10		
房间 C	100	瓷砖	10		
房间 D	200	瓷砖	10		

6.2.3　房间测点布置

根据文献［5］进行了测点布置，测量参数主要包括地板结构层内以及表面温度，围护结构表面温度和室内外空气温度，供回水温度以及流量等。

1. 地板及围护结构表面测点布置

为了准确测得地板表面的平均温度，分别沿管路方向选取多个截面布置多个测点。

围护结构内壁面之间及其与地板之间进行着辐射换热，故对地板表面温度有较为显著影响，同时其影响着房间的热舒适性。由于房间层高不太高，故设置测点时，内壁面按面积均分布置 4 个测点，外围护结构墙体布置 4 个测点，外窗布置两个测点。以房间 C 为例，地板表面温度各测量截面如图 6-14 和图 6-15 所示。

为了更直观地了解地板板内温度分布情况，在地板盘管的外壁和各结构层交界处也分别设置了温度测点，如图 6-15 所示。另外，由于存在潜在施工破坏危险，为了保证各测点的可靠性，板内结构层和盘管外壁处每个测点上各同时布置了 2 根热电偶。

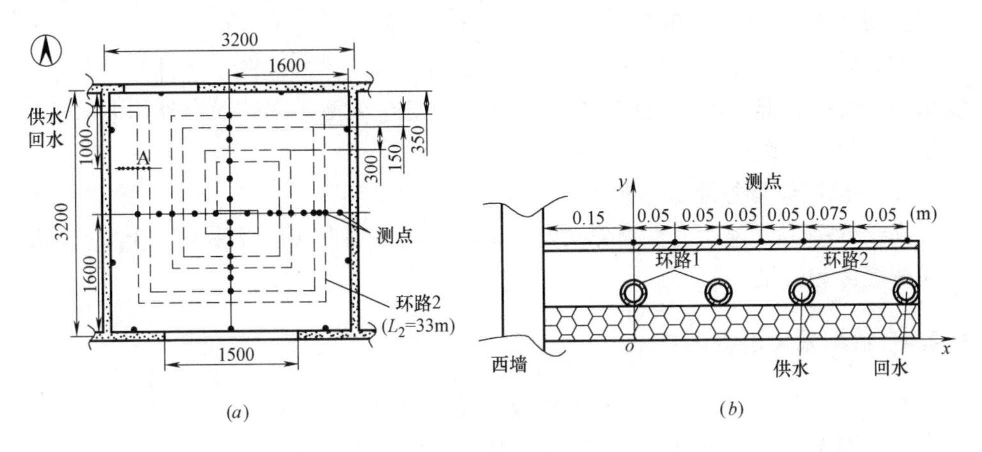

图 6-14 地板及壁面测点布置图

(a) 地板及壁面测点布置平面图；(b) A剖面测点布置图

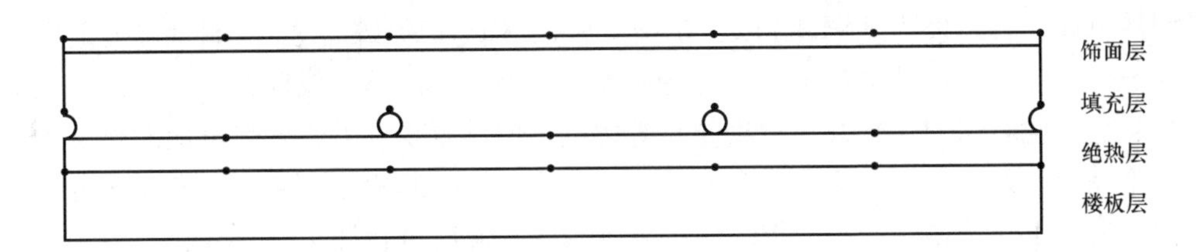

图 6-15 地板结构层内布点示意图

2. 室内空气温度测点布置

为了全面测量室内空气温度分布情况，根据相关规定，各房间室内空气温度测点分别布置在距离地面高度 0.1m，1.1m，1.5m，1.7m 等处，并在 1.5m 处增加黑球温度计，具体布置情况如图 6-16 所示。

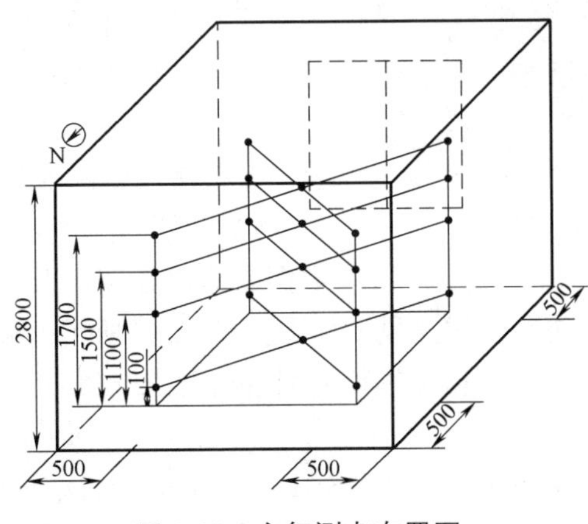

图 6-16 空气测点布置图

3. 室外空气温度的测点

室外空气温度变化对房间热环境有着重要影响，本实验测定室外空气温度主要采用了 Testo 温湿度自记仪，同时布置两个热电偶测点，并对室外热电偶进行了防辐射以及遮阳处理。

4. 冷热流体参数测点布置

在盘管进出口较为平直处分别设置铂电阻温度测点和超声波流量计测点，测量流体温度和流量。

6.2.4 数据采集设备

本工程所测量的数据主要包括地板温度、室内的空气温度、黑球温度、围护结构内表面温度、近地面的空气湿度、地板盘管内水温度和流量等。

1. 温度传感器

测量室内空气温度以及围护结构内表面温度所采用的传感器均为铜-康铜 T 型热电偶。其正极为纯铜（TP），负极为康铜（TN，铜镍合金），测量温度范围为－200～350℃，精度为±0.5℃。铜-康铜 T 型热电偶具有线性度好、灵敏度较高、稳定性和均匀性较好、价格便宜等优点。但其复现性差，各热电偶的热电势并不完全一致，使用前必须进行标定。而为了保证测量数据的误差在合理范围内，采用了测量精度较高的 Pt100 铂电阻对供水温度进行测量。

图 6-17　黑球温度计

在低温地面辐射冷暖联供系统中，地板表面和室内环境之间的传热以辐射和对流复合换热方式进行，分析室内热舒适性时，室内环境的实感温度更为合理。故采用黑球温度计同时测量了室内环境的黑球温度。所采用的黑球温度计由中空很薄的非光滑黑色球体内置温度传感器组成；黑球温度计的黑球由 0.5mm 厚铜皮制成，直径为 152mm，球面涂以烟炱胶水的混合物，其外观图如图 6-17 所示。

选用数据巡检仪 Agilent 34970A 进行数据采集，如图 6-18（*a*），其可方便地与计算机实现数据连接进行在线测量，如图 6-18（*b*）所示。温度传感器为 T 型热电偶时，Agilent 34970A 数据采集仪的测量精度为±1℃。

2. 湿度传感器

所采用的湿度传感器为芬兰 VASALA 公司生产的温湿度变送器 HMT330，如图 6-19 所示。测量时，将温度与湿度探头置于近地面同一测点位置，以测量

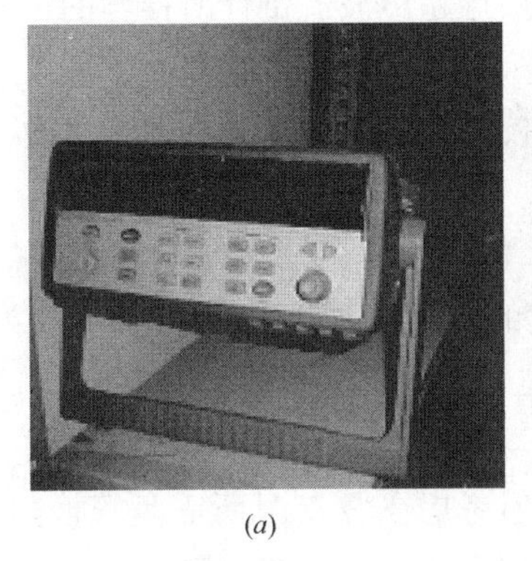

(*a*)

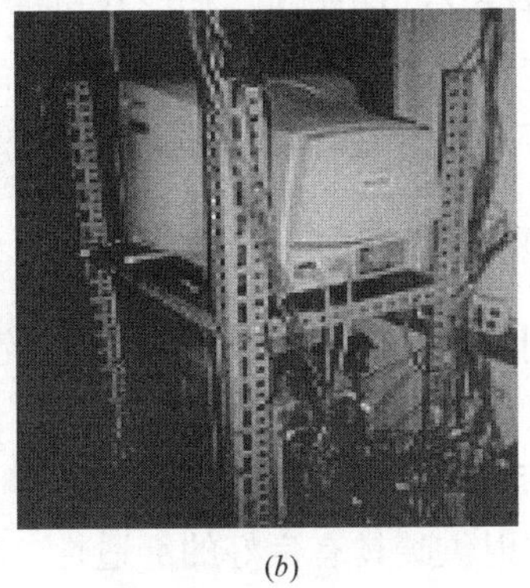

(*b*)

图 6-18　Agilent 数据巡检仪及其数据连接

(*a*) Agilent 数据巡检仪；(*b*) 温度传感器的采集

地板供冷工况下近地面空气温度和湿度的变化情况。该温湿度传感器可选择显示湿空气的 4 个独立状态参数（温度 T、含湿量 d、相对湿度 φ、焓值 h）中的任意两个。HMT330 温湿度变送器内置与电脑 RS 232 接口方便连接的端口，也可容易地完成在线测量功能。VASALA 温湿度变送器 HMT330 的测量精度与室内空气温度和相对湿度有较大的关系。当室内空气温度为 20℃、相对湿度在 0～90％时的测量精度为±1％；室内空气温度为 20℃、相对湿度在 90％～100％时的测量精度为±1.7％。

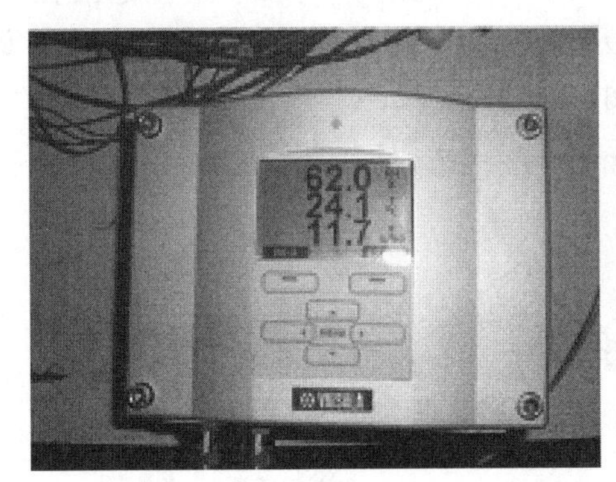

图 6-19　VASALA 温湿度变送器

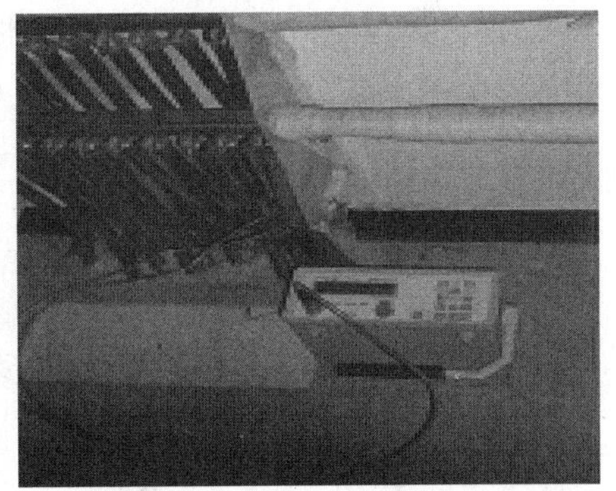

图 6-20　FLEXIM 超声波流量计

3. 冷（热）媒体的流量及流速

地板盘管冷（热）媒的流量及流速均采用多普勒超声波流量计进行测量，如图 6-20 所示，其测量精度为±2％，重复性为±0.5％。

超声波流量计可以方便地测量多种管材及管径的管内流速或者流量。测量时，输入被测管道的材质、管径、管壁厚、冷（热）媒介质及大体温度等参数，选择一定平直管段，将超声波流量计的探头与被测管壁之间涂上黄油等润滑剂，调整仪器游标之间的距离，使之尽可能接近超声波流量计所推荐的尺寸，提高测量的准确度。

以上所有测量设备在使用前均进行校准，误差均在允许范围之内。

6.2.5 实测结果分析

该案例建筑使用多年，经过对系统的持续测试工作，积累了较为详尽的数据，现将典型工况测试数据介绍如下。

1. 地面辐射供暖实验结果

地面辐射供暖具有良好的舒适性，但考虑冬夏工况所需盘管换热面积不同，实验房间C采用了双环路设计，故冬天仅开启一个环路时呈现100mm和350mm两种混合间距的非均匀布管形式，盘管总长度33m，针对此种情况进行了测试。

（1）非均匀布管地面辐射供暖

1）地板表面温度分布

首先对整个地板温度分布中最不均匀区域，即图6-14所示的A剖面进行地板表面温度分布情况分析，其温度变化情况如图6-21所示。可见该区域地板表面平均温度约为22.0℃，地板供水管正上方的地板表面温度值最高，最低温度发生在靠近西墙的地板表面上，这是由于该点距离加热管较远的缘故，测试期间地板表面最大温度差值变化范围为4.2～4.7℃，平均值约为4.5℃。相应地，地板上高度分别为0.1m，1.1m，1.5m and 1.7m处的空气水平温差范围在±0.4℃之间，满足舒适性要求。可见地板温度分布不均匀时，其对空气水平温度分布的影响并不显著，此结论和文献［6］的结论一致。

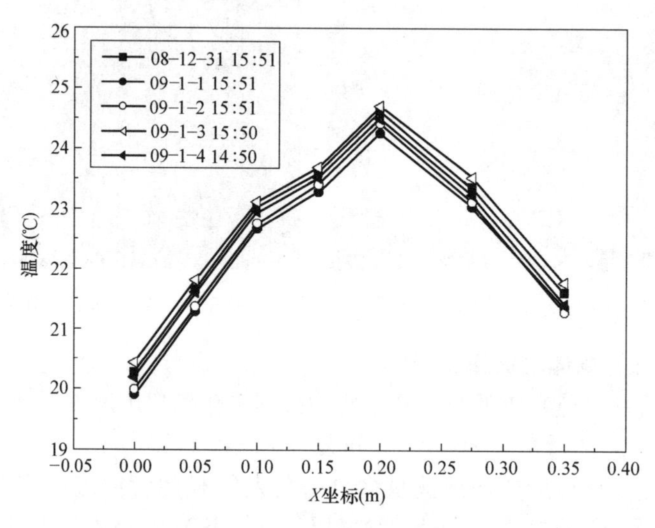

图6-21 地板表面不均匀温度场测量值

2）地板表面平均温度及室内空气温度

在地面辐射系统中，地板表面平均温度对于室内热环境起着决定性作用，其将直接影响到平均辐射温度及室内空气温度。由图 6-22（*a*）可见，测试期间，室外空气温度 t_{out}变化范围为－5.1～ 9.5℃，随着室外空气温度随时间呈周期性变化，供回水平均温度（t_{wm}）基本稳定在 28℃，地板平均温度（t_s）与室内空气温度（t_a）分别约为 22℃和 18℃。地板平均温度与室内空气温度温差范围为 2.6～4.8℃，平均值为 3.7℃，且室外温度较高时取较小值，室外温度较低时取

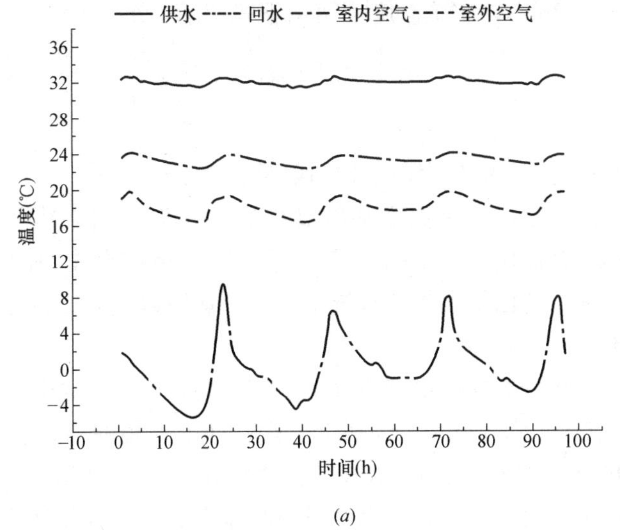

(*a*)

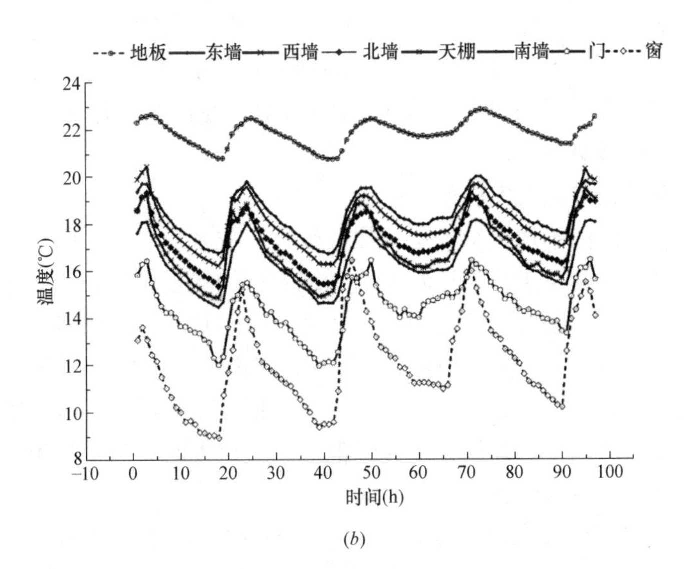

(*b*)

图 6-22　房间各温度测变化情况

（*a*）供水温度和室内外空气温度变化；（*b*）地板表面平均温度和其他表面温度变化

较大值。这是因为当室外温度较低时房间热负荷变大，而室外温度较高时房间热负荷较小的原因。各围护结构表面温度如图 6-22（*b*）所示，内围护结构表面温度波动较小，且和空气温度差异不明显，外围护结构内表面温度和空气温度差异相对较大，平均差值约为 2℃，和地板的温差则大约为 6℃。

3）热舒适性分析

实感温度考虑平均辐射温度（Mean Radiant Temperature，*MRT*）与室内空气温度的综合作用，从而反映热环境的温度效应。由于测得本房间自然对流情况下空气流速小于 0.2m/s，实感温度[7]可由下式表示：

$$t_{\mathrm{o}}=\frac{1}{2}(t_{\mathrm{a}}+t_{\mathrm{MRT}}) \tag{6-17}$$

式中 t_{o}——实感温度，℃；

t_{MRT}——包括地板在内的各表面平均辐射温度，℃。

测试与计算结果显示，三个温度基本都在 16～20℃之间，其中房间的包括地板面在内的平均辐射温度 t_{MRT} 高于空气温度 t_{a}，两者综合作用的实感温度 t_{o} 高于空气温度，验证了地面辐射供暖系统中由于平均辐射温度较高可以获得较高的实感温度的结论。

地面辐射供暖的热舒适性在供暖系统中是较好的，但本实验由于采用了较不均匀的盘管间距 100mm×350mm，区别于工程设计上常用的均匀管间距，所以特别对本实验房间 *PMV* 值进行讨论，相关方程如式（3-9）和式（3-10）所示。

根据实验房间实际使用情况，一标准身高与体重的成年男子身着西服，坐姿轻度劳动，房间相对湿度为 50%，计算房间 *PMV* 值如图 6-23 所示，大概范围在－1.8～1.5 之间，其中 $PMV>-1$ 的时间占总测试时间的 85%，$PMV<-1$ 的时间仅占 15%且集中在午夜，根据房间基本只在白天使用的特点，认为该房间的热舒适性可满足要求。

（2）辐射地板热惯性实验研究

地面辐射系统由于地板结构层热惯性较大，故系统启动时间比对流空调系统长，而停机以后同样由于热惯性较大，系统残存的热量可以在一定时间内维持房间温度在一定范围。图 6-24 和图 6-25 分别是房间 C（开启回路 2 时）和房间 B（开启回路 1 时）系统启停时地板表面温度和室内空气温度的变化情况。系统启动时，地板温度近似以指数规律升高，通常需时 3h 以上达到相对稳定状态；系统停止后地板温度同样近似指数规律降低。系统启停时，当地板温度变化相同幅度时，明显升温所需时间较短。

实验房间 B 的地板采用了复合木地板，与实验房间 C 对比发现两者启动时间相差不大，但趋于稳定后房间 B 的地板温度低于房间 C 的地板温度，这是因为饰面层热阻差别所致。

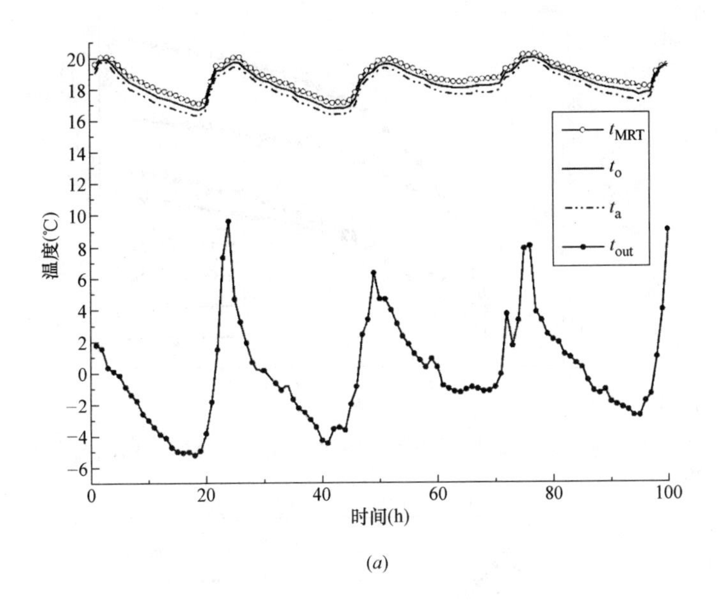

(a)

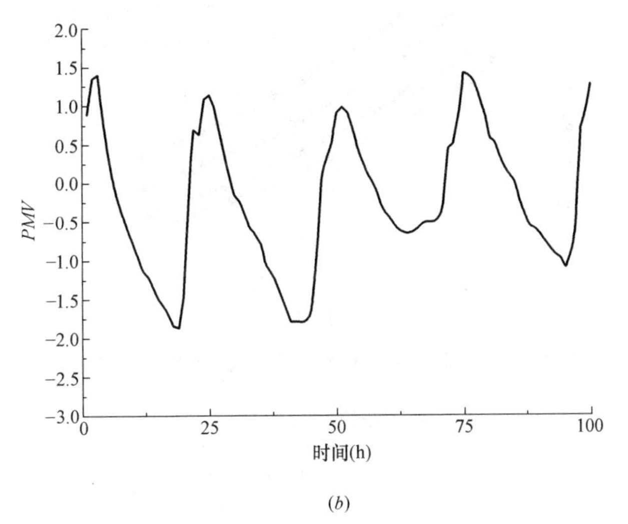

(b)

图 6-23　PMV 和实感温度的变化

(a) 实感温度变化情况；(b) PMV 值变化情况

2. 地面辐射供冷实验结果

夏季供冷时，由于冷面朝上不利于自然对流，为加强供冷效果，故需要开启双环路进行供冷，两环路盘管总长 77m。

(1) 双环路地面辐射供冷

选取 2010 年 8 月 15 日到 8 月 18 日测试结果分析，实测条件如表 6-3 所示。

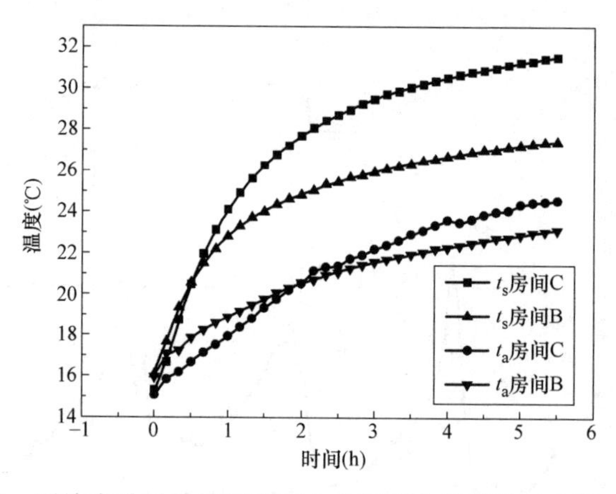

图 6-24　系统启动时地板表面和室内温度变化情况（房间 B 和 C）

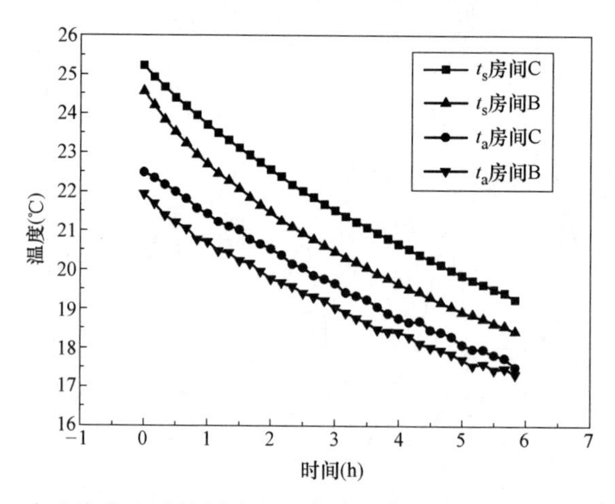

图 6-25　系统停止时地板表面和室内温度变化情况（房间 B 和 C）

双环路供冷参数表　　**表 6-3**

时间	流速(m/s)		供水温度设定值(℃)
	环路 1	环路 2	
15 日 7：00～16 日 7：00	0.35	0.35	18
16 日 7：00～17 日 7：00	0.30	0.30	18
17 日 7：00～18 日 7：00	0.30	0.30	16

图 6-26 是测试的室内空气温度、地板表面温度随供水温度变化的情况。测试期间室外空气温度变化 t_{out} 范围为 25.1～ 35.5℃，地板和室内空气之间的温差为 4.2～9.8℃，平均为 7.1℃。空气温度 t_a 和平均辐射温度 t_{MRT} 较为接近，两者之间的差别在 1.5℃以内。

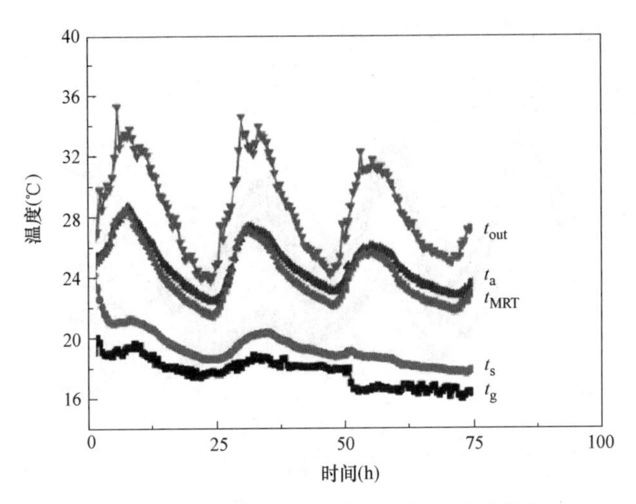

图6-26 地板表面和室内空气温度变化情况

根据舒适性规定，供冷工况下，室内空气设计温度为26～28℃，相对湿度为55%～65%[8]，与此相对应的室内露点温度t_d为15.3～19.9℃，因此出于安全考虑，应该保证地板表面温度t_s不低于20℃。如图6-27所示，当供水温度t_g设定为18℃时，地板表面和空气露点之间的温差为3～6℃，当供水温度为16℃时，在靠近冷水进口的地板上有轻微潮湿现象，因此为了防止地板表面凝露同时保证一定的供冷能力，本房间供水温度推荐不低于17℃。

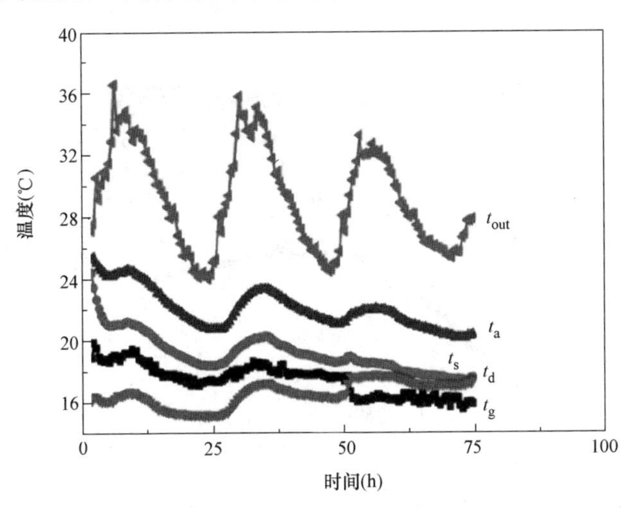

图6-27 地板和空气露点温度变化

当在办公室中从事极轻劳动时，在0.1m和1.1m处的竖向空气温差不大于3℃，则*PPD*不小于10%。由图6-28可见该温差在白天为4.1℃，晚上为2.1℃，统计全天24h 95%的时间可以满足舒适性标准。

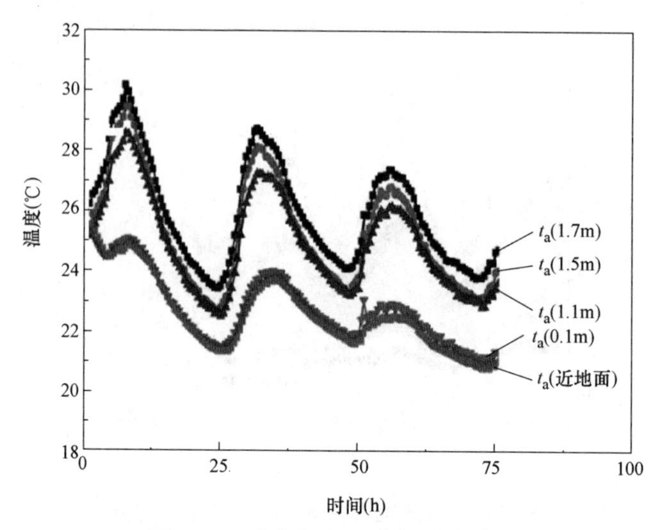

图 6-28　空气竖向温度场分布情况

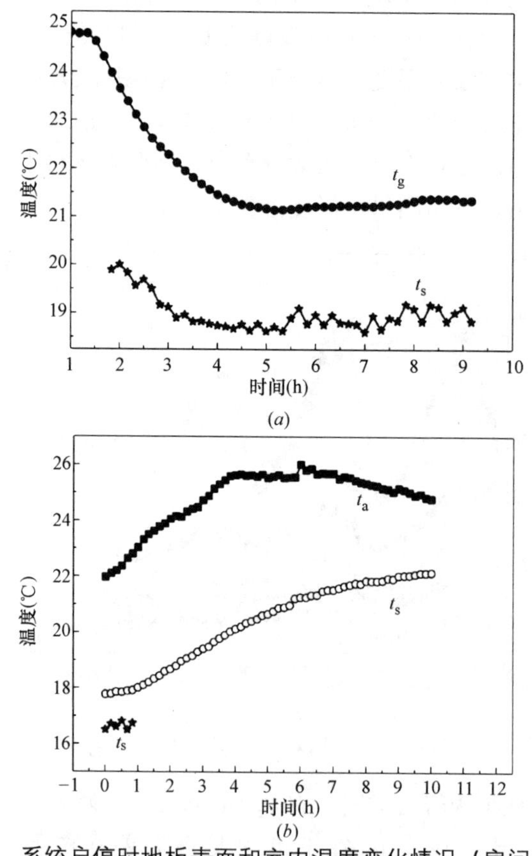

图 6-29　系统启停时地板表面和室内温度变化情况（房间 C 供冷）

（a）系统启动；（b）系统停止

（2）辐射地板热惯性实验研究

图 6-29 是房间 C 地面辐射供冷系统启停时地板和室内温度变化情况。可见地板温度变化规律与供暖时类似，同样为近似指数规律变化。系统启动最初 2h 内地板温度变化最为显著，大概 4h 以后趋于稳定；系统停止时地板表面温度升高缓慢，续存的冷量逐步释放到房间当中，较长时间内维持房间空气温度的稳定。

本章参考文献

［1］ JGJ 142—2012. 地面辐射供暖技术规程［S］. 北京：中国建筑工业出版社，2012.

［2］ 范珑，贺克瑾，万水娥. 五棵松体育馆观众休息厅地面辐射供暖供冷的研究和应用［J］. 暖通空调，2005，35（6）：87-90.

［3］ Kang Zhao，Xiaohua Liu，Yi Jiang. Application of radiant floor cooling in a large open space building with high-intensity solar radiation［J］. Energy and Buildings. 2013（66）：246-257.

［4］ OLESEN B W. Radiant floor cooling systems［J］. ASHRAE Journal，2008，（9）：16-22.

［5］ ISO 7726. Ergonomics of the Thermal Environment Instruments for Measuring Physical Quantities［S］. Geneva：International Standard Organization，2002.

［6］ Gao R，Li AG，Zhang O，Zhang H. Comparison of indoor air temperatures of different under-floor heating pipe layouts［J］. Energy Conversion and Management，2011，52（2）：1295-1304.

［7］ ASHRAE handbook-2016 HVAC Systems and equipment. Panel heating and cooling［M］. Atlanta：ASHRAE Inc，2016.

［8］ GB 50736—2012. 民用建筑供暖通风与空气调节设计规范. 北京：中国建筑工业出版社，2012.

附　　录

附录 A　ASHRAE 表算法①

计算表的编制条件如下：

(1) 地板构造，由下向上分别为：钢筋混凝土楼板；20mm 厚聚苯乙烯泡沫塑料板绝热层。加热管：外径 20mm 的 PEX、PERT 管和 PB、PPR 管；50mm 厚豆石混凝土填充层。

(2) 供、回水温度差为 10℃。

(3) 地面层材料的热阻：

水泥、陶瓷（瓷砖）	R=0.02 $(m^2 \cdot K)/W$
塑料类	R=0.075 $(m^2 \cdot K)/W$
木地板	R=0.10 $(m^2 \cdot K)/W$
地毯	R=0.15 $(m^2 \cdot K)/W$

R=0.02$m^2 \cdot K/W$（水泥、陶瓷地面）时 PE-X、PE-RT 管的散热量表 A-1

热媒平均温度(℃)	室内计算温度(℃)	分子—向上散热量(W/m^2)；分母—向下散热量(W/m^2)				
		管间距(mm)				
		300	250	200	150	100
35	16	84.7/23.8	92.5/24	100.5/24.6	108.9/23.7	116.6/24.2
	18	76.4/21.7	83.3/22	90.4/22.6	97.9/21.6	104.7/22.5
	20	68/19.9	74/20.2	80.4/20.5	87.1/19.5	93.1/20.2
	22	59.7/17.7	65/18	70.5/18.4	76.3/17.5	81.5/18.1
	24	51.6/15.6	56.1/15.7	60.7/15.7	65.7/15.7	70.1/15.7
40	16	108/29.7	118.1/29.8	128.7/30.5	139.6/30.8	149.7/30.8
	18	99.5/27.4	108.7/27.9	118.4/28.5	128.4/28.7	137.6/28.7
	20	91/25.4	99.4/25.7	108.1/26.5	117.3/26.7	125.6/26.7

① 摘自《实用供热空调设计手册（第 2 版）》。

续表

热媒平均温度(℃)	室内计算温度(℃)	分子—向上散热量(W/m²);分母—向下散热量(W/m²)				
		管间距(mm)				
		300	250	200	150	100
40	22	82.5/23.8	90/23.9	97.9/24.4	106.2/24.6	113.7/24.6
	24	74.2/21.3	80.9/21.5	87.8/22.4	95.2/22.4	101.9/22.4
45	16	131.8/35.5	144.4/35.5	157.5/36.5	171.2/36.8	183.9/36.8
	18	123.3/33.2	134.8/33.9	147/34.5	159.8/34.8	171.6/34.8
	20	114.5/31.7	125.3/32	136.6/32.4	148.5/32.7	159.3/32.7
	22	106/29.4	115.8/29.8	126.2/30.4	137.1/30.7	147.1/30.7
	24	97.3/27.6	106.5/27.3	115.9/28.4	125.9/28.6	134.9/28.6
50	16	156.1/41.4	171.1/41.7	187/42.5	203.6/42.9	218.9/42.9
	18	147.4/39.2	161.5/39.5	176.4/40.5	192/40.9	206.4/40.9
	20	138.6/37.3	151.9/37.5	165.8/38.5	180.5/38.9	194/38.9
	22	130/35.2	142.3/35.6	155.3/36.5	168.9/36.8	181.5/36.8
	24	121.2/33.4	132.7/33.7	144/34.4	157.5/34.7	169.1/34.7
55	16	180.8/47.1	198.3/47.8	217/48.6	236.5/49.1	254.8/49.1
	18	172/45.2	188.7/45.6	206.3/46.6	224.9/47.1	242/47.1
	20	163.1/43.3	178.9/43.8	195.6/44.6	213/45	229.4/45
	22	154.3/41.4	169.3/41.5	185/42.5	201.5/43	216.9/43
	24	145.5/39.4	159.6/39.5	174.3/40.5	189.9/40.9	204.3/40.9

R=0.075m²·K/W（塑料类地面）时 PE-X、PE-RT 管的散热量　表 A-2

热媒平均温度(℃)	室内计算温度(℃)	分子—向上散热量(W/m²);分母—向下散热量(W/m²)				
		管间距(mm)				
		300	250	200	150	100
35	16	67.7/24.2	72.3/24.3	76.8/24.6	81.3/25.1	85.3/25.7
	18	61.1/22	65.2/22.3	69.3/22.5	73.2/22.9	76.9/23.4
	20	54.5/19.9	58.1/20.1	61.8/20.3	65.3/20.7	68.5/21.3
	22	48/17.8	51.1/18.1	54.3/18.1	57.4/18.5	60.2/18.8
	24	41.5/15.5	44.2/15.9	46.9/16	49.5/16.3	51.9/16.7
40	16	85.9/30	91.8/30.4	97.7/30.7	103.4/31.3	108.7/32
	18	79.2/27.9	84.6/28.1	90/28.6	95.3/29.1	100.1/29.8

续表

热媒平均温度(℃)	室内计算温度(℃)	分子—向上散热量(W/m²);分母—向下散热量(W/m²)				
		管间距(mm)				
		300	250	200	150	100
40	20	72.5/26	77.5/26	82.4/26.4	87.2/26.9	91.5/27.6
	22	65.9/23.7	70.3/24	74.8/24.2	79.1/24.7	83/25.3
	24	59.3/21.4	63.2/21.9	67.2/22.1	71.1/22.5	74.6/23.1
45	16	104.5/35.8	111.7/36.1	119/36.8	126.1/37.6	132.6/38.5
	18	97.7/33.8	104.5/34.1	111.2/34.7	117.8/35.4	123.9/36.3
	20	90.9/31.8	97.2/32.1	103.5/32.6	109.6/33.2	115.2/33.9
	22	84.2/29.7	89.9/30	95.8/30.4	101.4/31	106.5/31.9
	24	77.4/27.7	82.7/28	88.1/28.2	93.2/28.8	97.9/29.4
50	16	123.3/41.8	131.9/42.2	140.6/42.9	149.1/43.9	156.9/44.9
	18	116.5/39.6	124.6/40.3	132.8/40.8	140.7/41.7	148.1/42.7
	20	109.6/37.7	117.3/38.1	125/38.7	132.4/39.5	139.3/40.4
	22	102.8/35.5	109.9/36.2	117.1/36.6	124.1/37.3	130.6/38.3
	24	96/33.7	102.7/33.9	109.4/34.4	115.9/35.1	121.8/35.9
55	16	142.4/47.7	152.3/48.6	162.5/49.1	172.4/50.2	181.5/51.4
	18	135.4/45.8	145/46.2	154.6/47	164/48	172.7/49.3
	20	128.6/43.7	137.6/44.3	146.8/44.9	155.6/45.9	163.8/47
	22	121.7/416	130.2/42.2	138.9/42.8	147.3/43.7	155/44.9
	24	114.9/39.9	122.9/39.9	131/40.7	138.9/41.5	146.2/42.6

R=0.10m²·K/W（木地板）时 PE-X、PE-RT 管的散热量　　表 A-3

热媒平均温度(℃)	室内计算温度(℃)	分子—向上散热量(W/m²);分母—向下散热量(W/m²)				
		管间距(mm)				
		300	250	200	150	100
35	16	62.4/24.4	66/24.6	69.6/25	73.1/25.5	76.2/26.1
	18	56.3/22.3	59.6/22.5	62.8/22.9	65.9/23.3	68.7/23.9
	20	50.3/20.1	53.1/20.5	56/20.7	58.8/21.1	61.3/21.6
	22	44.3/18	46.8/18.2	49.3/18.5	51.7/18.9	53.9/19.3
	24	38.4/15.7	40.5/16.1	42.6/16.3	44.7/16.6	46.5/17

续表

热媒平均温度(℃)	室内计算温度(℃)	分子—向上散热量(W/m²);分母—向下散热量(W/m²)				
		管间距(mm)				
		300	250	200	150	100
40	16	79.1/30.2	83.7/30.7	88.4/31.2	92.8/31.9	96.9/32.5
	18	72.9/28.3	77.2/28.6	81.5/29	85.5/29.6	89.3/30.3
	20	66.8/26.3	70.7/26.5	74.6/26.9	78.3/27.4	81.7/28.1
	22	60.7/24	64.2/24.4	67.7/24.7	71.1/25.5	74.1/25.8
	24	54.6/21.9	57.8/22.1	60.9/22.5	63.9/22.9	66.6/23.4
45	16	96/36.4	101.8/36.9	107.5/37.5	112.9/38.2	117.9/39.1
	18	89.8/34.1	85.1/34.8	100.5/35.3	105.6/36	110.2/36.8
	20	83.6/32.2	88.6/32.7	93.5/33.1	98.2/33.8	102.6/34.5
	22	77.4/30.1	82/30.4	86.6/30.9	90.9/31.6	94.9/32.4
	24	71.2/28	75.4/28.4	79.6/28.8	83.6/29.3	87.3/30
50	16	113.2/42.3	120/43.1	126.8/43.7	133.4/44.6	139.3/45.6
	18	106.9/40.3	113.3/41	119.8/41.6	125.9/42.4	131.6/43.4
	20	100.7/38.1	106.7/38.7	112.7/39.4	118.5/40.2	123.8/41.2
	22	94.4/36.1	100.1/36.7	105.7/37.2	111.1/38	116.1/38.9
	24	88.2/34	93.4/34.6	98.7/35.1	103.8/35.7	108.4/36.6
55	16	130.5/48.6	138.5/49.1	146.4/50	154/51.1	161/52.2
	18	124.2/46.6	131.8/47.1	139.3/47.9	146.6/48.9	153.2/50
	20	118/44.4	125.1/45	132.2/45.7	139.1/46.7	145.4/47.8
	22	111.7/42.2	118.4/42.8	125.2/43.6	131.6/44.5	137.6/45.5
	24	105.4/40.1	111.7/40.8	118.1/41.1	124.2/42.2	129.8/43.2

R=0.15m²·K/W（厚地毯）时 PE-X、PE-RT 管的散热量　　表 A-4

热媒平均温度(℃)	室内计算温度(℃)	分子—向上散热量(W/m²)；分母—向下散热量(W/m²)				
		管间距(mm)				
		300	250	200	150	100
35	16	53.8/25	56.2/25.4	58.6/25.7	60.9/26.2	62.9/26.8
	18	48.6/22.8	50.8/23.2	52.9/23.5	54.9/23.9	56.8/24.3
	20	43.4/20.6	45.3/20.9	47.2/21.2	49/21.7	50.7/22.1
	22	38.2/18.4	39.9/18.7	41.6/19	43.2/19.3	44.6/19.8
	24	33.2/16.2	34.6/16.4	36/16.7	37.4/17	38.7/17.4
40	16	68/31	71.1/31.6	74.2/32.1	77.1/32.7	79.7/33.3
	18	62.7/28.9	65.6/29.3	68.4/29.8	71.1/30.4	73.5/31
	20	57.6/26.7	60.1/27.1	62.7/27.6	65.1/28.1	67.3/28.7
	22	52.3/24.6	54.6/24.9	57/25.3	59.2/25.9	61.2/26.4
	24	47.1/22.3	49.2/22.7	51.3/23.1	53.2/23.5	55/23.9
45	16	82.4/37.3	86.2/37.9	90/38.5	93.5/39.2	96.8/40
	18	77.1/35.1	80.7/35.7	84.2/36.3	87.5/37	90.5/37.6
	20	71.8/33	75.1/33.5	78.4/34	81.5/34.7	84.3/35.5
	22	66.5/30.7	69.6/31.2	72.6/31.8	75.4/32.4	78/32.9
	24	61.3/28.6	64.1/29.1	66.8/29.5	69.4/30.1	71.8/30.8
50	16	97/43.4	101.5/44.2	106/44.9	110.2/45.7	114.1/46.7
	18	91.6/41.4	95.9/42	100.1/42.7	104.1/43.5	107.8/44.5
	20	86.3/39.2	90.3/39.8	94.3/40.5	98/41.3	101.5/42.1
	22	81/37	84.7/37.7	88.5/38.3	92/39	95.2/39.8
	24	75.7/34.9	79.2/35.3	82.6/36	85.9/36.7	88.9/37.4
55	16	111.7/49.7	117/50.6	122.2/51.4	127.1/52.4	131.6/53.4
	18	106.3/47.7	111.4/48.4	116.3/49.2	120.9/50.1	125.2/51.2
	20	101/45.5	105.7/46.2	110.4/47	114.8/47.9	118.9/49
	22	95.6/43.3	100.1/43.9	104.5/44.8	108.7/45.6	112.5/46.7
	24	90.3/41.2	94.5/41.8	98.6/42.5	102.6/43.3	106.2/44.2

附录 B 我国《辐射供暖供冷技术规程》算法①

水泥、石材或陶瓷面层单位地面面积的向上供热量和向下传热量（W/m^2）

表 B-1

平均水温（℃）	室内空气温度（℃）	加热管间距(mm)									
		500		400		300		200		100	
		向上供热量	向下传热量	向上供热量	向下传热量	向上供热量	向下传热量	向上供热量	向下传热量	向上供热量	向下传热量
35	16	64.4	18.4	72.6	18.8	81.8	19.4	91.4	20.0	100.7	21.0
	18	57.7	16.7	65.0	17.0	73.2	17.4	81.7	18.1	89.9	19.0
	20	51.0	14.9	57.4	15.2	64.6	15.6	72.1	16.1	79.3	16.9
	22	44.3	13.1	49.9	13.3	56.0	13.7	62.5	14.2	68.7	14.9
	24	37.7	11.3	42.4	11.5	47.6	11.9	53.0	12.2	58.2	12.8
40	16	82.3	23.1	93.0	23.6	105.0	24.2	117.6	25.2	129.8	26.5
	18	75.5	21.4	85.3	21.8	96.2	22.4	107.7	23.3	118.8	24.4
	20	69.7	19.6	77.6	20.0	87.5	20.6	97.9	21.4	107.9	22.4
	22	62.0	17.9	69.9	18.2	78.8	18.7	88.1	19.4	97.1	20.4
	24	55.2	16.1	62.3	16.4	70.1	16.8	78.3	17.5	86.3	18.3
45	16	100.6	27.9	113.8	28.4	128.6	29.4	144.3	30.4	159.6	32.0
	18	93.7	26.1	106.0	26.7	119.7	27.5	134.3	28.5	148.5	30.0
	20	86.9	24.4	98.2	24.9	110.9	25.6	124.4	26.6	137.4	27.9
	22	80.0	22.6	90.4	23.1	102.1	23.7	114.1	24.7	126.4	25.9
	24	73.2	20.9	82.7	21.3	93.3	21.8	104.5	22.7	115.7	23.9
50	16	119.1	32.6	134.9	33.3	152.7	34.2	171.6	35.7	190.1	37.5
	18	112.2	30.9	127.0	31.5	143.8	32.4	161.5	33.8	178.9	35.5
	20	105.3	29.2	119.2	29.8	134.8	30.6	151.5	31.9	167.7	33.5
	22	98.3	27.4	111.3	28.0	125.9	28.8	141.4	29.9	156.5	31.5
	24	91.4	25.7	103.5	26.2	117.0	26.9	131.3	28.0	145.3	29.4
55	16	137.8	37.4	156.3	38.2	177.1	39.5	199.4	41.0	221.2	43.1
	18	130.9	35.7	148.4	36.7	168.1	37.5	189.2	39.1	209.9	41.1
	20	123.9	34.0	140.5	34.7	159.1	35.7	179.0	37.2	198.5	39.1
	22	117.0	32.2	132.6	32.9	150.1	33.8	168.9	35.2	187.2	37.1
	24	110.0	30.5	124.7	31.1	141.1	32.0	158.7	33.3	175.9	35.1

注：1. 计算条件为：加热管公称外径 20mm，填充层厚度 50mm，聚苯乙烯泡沫塑料绝热层导热系数 0.041W/(m·K)、厚度 20mm，供回水温差 10℃。

2. 水泥、石材或陶瓷面层热阻为 0.02m^2·K/W。

① 本部分内容摘自《辐射供暖供冷技术规程》。

塑料类材料面层单位地面面积的向上供热量和向下传热量（W/m²）表 B-2

平均水温（℃）	室内空气温度（℃）	加热管间距(mm)									
		500		400		300		200		100	
		向上供热量	向下传热量	向上供热量	向下传热量	向上供热量	向下传热量	向上供热量	向下传热量	向上供热量	向下传热量
35	16	54.4	19.3	59.7	19.8	65.2	20.3	70.8	21.1	76.1	22.0
	18	48.7	17.4	53.5	17.9	58.4	18.4	63.4	19.1	68.1	19.9
	20	43.1	15.6	47.3	16.0	51.6	16.4	56.0	17.0	60.1	17.7
	22	37.5	13.7	41.1	14.0	44.9	14.4	48.7	15.0	52.2	15.6
	24	31.9	11.8	35.0	12.1	38.2	12.5	41.4	12.9	44.3	13.4
40	16	69.3	24.3	76.2	24.9	83.4	25.6	90.6	26.6	97.4	27.8
	18	63.6	22.4	69.9	23.0	76.5	23.7	83.1	24.6	89.3	25.6
	20	57.9	20.6	63.6	21.1	69.6	21.7	75.6	22.5	81.3	23.5
	22	52.3	18.7	57.4	19.2	62.7	19.7	68.1	20.5	73.2	21.4
	24	46.6	16.8	51.1	17.2	55.9	17.8	60.7	18.4	65.2	19.2
45	16	84.5	29.3	92.9	30.0	101.8	31.0	110.8	32.1	119.2	33.5
	18	78.8	27.4	86.6	28.1	94.8	29.1	103.2	30.1	111.0	31.4
	20	73.0	25.6	80.3	26.2	87.9	27.1	95.6	28.1	102.9	29.3
	22	67.3	23.7	73.9	24.3	81.0	25.2	88.1	26.1	94.7	27.2
	24	61.6	21.9	67.6	22.4	74.0	23.1	80.5	24.0	86.6	25.0
50	16	99.8	34.3	109.9	35.1	120.4	36.4	131.2	37.7	141.3	39.4
	18	94.1	32.5	103.5	33.3	113.5	34.3	123.6	35.7	133.1	37.3
	20	88.3	30.6	97.1	31.4	106.5	32.4	115.9	33.7	124.8	35.2
	22	82.5	28.8	90.8	29.5	99.5	30.4	108.3	31.6	116.6	33.0
	24	76.8	26.9	84.4	27.6	92.5	28.5	100.7	29.6	108.4	30.9
55	16	115.3	39.3	127.0	40.3	139.3	41.8	151.9	43.3	163.8	45.2
	18	109.5	37.5	120.6	38.5	132.3	39.8	144.2	41.3	155.5	43.1
	20	103.7	35.7	114.2	36.6	125.3	37.9	136.6	39.3	147.2	41.0
	22	97.9	33.9	107.8	34.7	118.3	35.8	128.9	37.2	138.9	38.9
	24	92.1	32.0	101.4	32.8	111.2	33.9	121.2	35.2	130.6	36.8

注：1. 计算条件为：加热管公称外径 20mm，填充层厚度 50mm，聚苯乙烯泡沫塑料绝热层导热系数 0.041W/(m·K)、厚度 20mm，供回水温差 10℃。

2. 塑料类材料面层热阻为 0.075m²·K/W。

木地板材料面层单位地面面积的向上供热量和向下传热量（W/m^2）表 B-3

平均水温（℃）	室内空气温度（℃）	加热管间距(mm)									
		500		400		300		200		100	
		向上供热量	向下传热量	向上供热量	向下传热量	向上供热量	向下传热量	向上供热量	向下传热量	向上供热量	向下传热量
35	16	51.1	19.6	55.4	20.1	59.9	20.7	64.4	21.4	68.6	22.3
	18	45.8	17.7	49.7	18.2	53.7	18.7	57.7	19.4	61.4	20.2
	20	40.5	15.8	43.9	16.2	47.5	16.7	51.0	17.3	54.3	18.0
	22	35.3	13.9	38.2	14.3	41.3	14.7	44.3	15.2	47.1	15.8
	24	30.0	12.0	32.5	12.3	35.1	12.7	37.7	13.1	40.1	13.6
40	16	65.1	24.6	70.7	25.3	76.5	26.2	82.2	27.1	87.7	28.2
	18	59.7	22.8	64.9	23.4	70.2	24.2	75.5	25.0	80.4	26.0
	20	54.4	20.9	59.1	21.4	63.9	22.1	68.7	22.9	73.2	23.8
	22	49.1	19.0	53.3	19.5	57.6	20.1	61.9	20.8	66.0	21.7
	24	43.8	17.1	47.5	17.5	51.3	18.1	55.2	18.7	58.8	19.5
45	16	79.2	29.7	86.1	30.5	93.3	31.6	100.4	32.6	107.1	34.0
	18	73.9	27.9	80.3	28.6	86.9	29.5	93.5	30.6	99.8	31.9
	20	68.5	26.0	74.4	26.7	80.6	27.5	86.7	28.6	92.5	29.7
	22	63.1	24.1	68.6	24.7	74.2	25.5	79.9	26.5	85.2	27.6
	24	57.8	22.2	62.7	22.8	67.9	23.5	73.0	24.4	77.9	25.4
50	16	93.6	34.8	101.8	35.7	110.3	37.0	118.8	38.3	126.8	39.9
	18	88.2	33.0	95.9	33.9	103.9	35.1	111.9	36.3	119.4	37.8
	20	82.8	31.1	90.0	31.9	97.5	33.1	105.0	34.2	112.1	35.7
	22	77.4	29.2	84.1	30.0	91.1	31.0	98.1	32.2	104.7	33.5
	24	72.0	27.4	78.2	28.1	84.7	29.0	91.2	30.1	97.3	31.3
55	16	108.0	39.9	117.6	41.0	127.5	42.3	137.4	44.0	146.7	45.9
	18	102.6	38.1	111.6	39.1	121.2	40.5	130.4	42.0	139.3	43.8
	20	97.2	36.3	105.7	37.2	114.6	38.4	123.5	39.9	131.9	41.6
	22	91.7	34.4	99.8	35.3	108.2	36.5	116.6	37.9	124.5	39.5
	24	86.3	32.5	93.9	33.4	101.8	34.5	109.7	35.8	117.1	37.3

注：1. 计算条件为：加热管公称外径 20mm，填充层厚度 50mm，聚苯乙烯泡沫塑料绝热层导热系数 0.041W/(m·K)、厚度 20mm，供回水温差 10℃。

2. 木地板材料面层热阻为 0.1m^2·K/W。

铺厚地毯面层单位地面面积的向上供热量和向下传热量（W/m²） 表 B-4

平均水温（℃）	室内空气温度（℃）	加热管间距(mm)									
		500		400		300		200		100	
		向上供热量	向下传热量	向上供热量	向下传热量	向上供热量	向下传热量	向上供热量	向下传热量	向上供热量	向下传热量
35	16	45.2	20.1	48.3	20.6	51.4	21.3	54.4	22.0	57.3	22.8
	18	40.5	18.2	43.3	18.7	46.1	19.3	48.8	19.9	51.4	20.6
	20	35.9	16.2	38.3	16.7	40.8	17.2	43.2	17.8	45.4	18.4
	22	31.2	14.3	33.3	14.7	35.5	15.1	37.6	15.6	39.5	16.2
	24	26.6	12.3	28.4	12.6	30.2	13.0	32.0	13.5	33.6	13.9
40	16	57.5	25.3	61.4	26.0	65.4	26.9	69.4	27.7	73.1	28.7
	18	52.8	23.4	56.4	24.0	60.1	24.8	63.7	25.6	67.1	26.6
	20	48.1	21.5	51.4	22.0	54.7	22.7	58.0	23.5	61.1	24.4
	22	43.4	19.5	46.3	20.0	49.4	20.6	52.3	21.3	55.1	22.1
	24	38.7	17.6	41.3	18.1	44.0	18.6	46.7	19.2	49.1	19.9
45	16	69.9	30.5	74.7	31.4	79.7	32.5	84.5	33.5	89.1	34.7
	18	65.2	28.6	69.7	29.4	74.3	30.3	78.8	31.4	83.0	32.6
	20	60.4	26.7	64.6	27.4	68.9	28.3	73.1	29.3	77.0	30.4
	22	55.7	24.8	59.6	25.4	63.5	26.2	67.3	27.2	71.0	28.2
	24	51.0	22.8	54.5	23.4	58.1	24.2	61.6	25.0	64.9	25.9
50	16	82.4	35.8	88.2	36.8	94.1	37.9	99.8	39.3	105.3	40.8
	18	77.7	33.9	83.1	34.8	88.6	35.9	94.1	37.2	99.2	38.6
	20	72.9	32.0	78.0	32.9	83.2	33.9	88.3	35.1	93.1	36.4
	22	68.2	30.1	72.9	30.9	77.8	31.8	82.5	33.0	87.0	34.2
	24	63.4	28.1	67.8	28.9	72.3	29.8	76.8	30.8	80.9	32.0
55	16	95.1	41.0	101.8	42.2	108.6	43.5	115.3	45.1	121.6	46.8
	18	90.3	39.2	96.7	40.3	103.1	41.5	109.5	43.0	115.5	44.7
	20	85.5	37.3	91.5	38.3	97.7	39.5	103.7	41.0	109.4	42.5
	22	80.8	35.4	86.4	36.3	92.2	37.5	97.9	38.8	103.3	40.3
	24	76.0	33.4	81.3	34.4	86.8	35.4	92.1	36.7	97.2	38.1

注：1. 计算条件为：加热管公称外径 20mm，填充层厚度 50mm，聚苯乙烯泡沫塑料绝热层导热系数 0.041W/(m·K)、厚度 20mm，供回水温差 10℃。

2. 铺厚地毯面层热阻为 0.15m²·K/W。